Josh DiPietro 賈許・迪皮耶羅——著　麥金里——譯

當沖, 這樣做才會賺錢

一個股市當沖客的真實告白

A Cautionary Tale About Hard Challenges and What It Takes to Succeed

The Truth About
Day Trading Stocks

WILEY　財信出版

目錄

目錄

第三部分　有關盤中交易的各種真相

目錄

前言

這其中最成功的一隻海龜，非克提斯‧費斯莫
屬。交易紀錄顯示費斯替理查‧丹尼斯賺進約3,150
萬美元。克提斯從十九歲開始從事交易。[1]

——《華爾街日報》記者　史丹利‧安格利斯特

---

[1] 譯者註：美國傳奇期貨交易員理查‧丹尼斯十七歲就在期貨交易所當跑單小
弟。研究所唸不到一年就放棄，跟家裡借了1,600美元，花1,200美元買一個
交易所的席位，用剩下的400美元做本錢，不滿二十六歲就成為百萬富翁。
後來他跟他的合夥人威廉‧埃克哈特打賭。埃克哈特雖然沒拿到數學博士學
位，就離開研究所，但後續還發表了不少學術論文，可以說是學院出身的交
易員，丹尼斯則是從小就在交易所裡長大。兩人對於偉大的交易員是天生造
就還是後天培養有過一場激辯，丹尼斯認為他有辦法教會別人，而埃克哈特
則認為遺傳和天性才是決定因素。為了解決這個問題，他們在一九八三年刊
登廣告募集自願領取低薪，接受培訓的人，承諾若交易表現優異，將分得優
渥紅利。最後他們挑選出二十三人，由丹尼斯給他們短期的培訓，提供交
易的資金。結果多數學員都表現優異，得到豐厚的紅利。丹尼斯叫學員們
「海龜」，來自他到新加坡參觀時看到當地人養殖海龜而得到的靈感。克提
斯‧費斯就是其中一位。他著有《海龜投資法則》（*Way of Turtle*，由麥格
羅希爾出版）。最早將海龜投資法則曝光的則是另一位學員邁可‧柯佛。他
的第一本投資名著是《順勢投資》，後來在《海龜特訓班》（*The Complete
Turtle Trader*，由商智出版）首度將丹尼斯及埃克哈特訓練海龜的過程曝
光，擔任TurtleTrader.com網站主編。克提斯‧費斯成立了OriginalTurtle.org
的網站，互別苗頭。

　　上述這段文字是個很危險的引述，沒有人應該把它視為是理所當然的保證，不是每個當沖族都能像克提斯·費斯一樣成功。許多剛開始嘗試當沖的新人都曾把他們最初籌集的資本賠光，有時還不只一次。本書的目的是要警告這些天真、不知天高地厚的當沖菜鳥，或是某種程度地重新糾正他們的一些觀念及想法，希望能夠阻止他們眼睜睜地看著自己的錢流失。

　　書中將赤裸裸地、毫不保留地呈現我一路上跌跌撞撞所遭遇到的各種危險，以及所犯過的各種莽撞愚行，而最終成為一名專業當沖交易員的過程。雖然如今，以後見之明回首前塵，有些情況不禁令人莞爾。

　　這些都是我個人的親身經歷，我以一種和朋友在一起喝啤酒，輕鬆聊天的心情，坦承我所犯過的錯誤。各種當沖交易時所經歷的恐怖及悲慘故事是反覆上演的鮮明主題。在這段歷險過程中，我逐步發現原來最會搞破壞的竟然是自己的心理因素——兩項關鍵心理因素，以及後來如何慢慢地從最慘痛的失敗裡，找出克制它們的方法——就是培養自律。

　　書中語調時而詼諧，時而憐憫，但是也有很多實用的專業知識。我指導的方式與一般強調會教你點石成金的煉金術不同。這樣做的目的有雙重意義，首先是降低初學者莽撞而危險的熱情，再來是在學習成為高手的過程中不致傾家蕩產。在整本書裡，你會注意到我用粗體字標示**持股**或類似的詞彙，目的是要警告你，若你心中沒有安排好出場計畫，茫無頭緒的**持股**必會遭遇

危險。我猜想你或許還是新手，或者已經有些經驗，但還沒有專家的自信。你有非常高的熱誠，急切地想要學會當沖獲致成功。又或者你天性喜歡冒險，對於壓力有異於常人的容忍度。

你願意不顧一切地達到專業級交易員的水準，但事實上那是個恐怖勳章，而不是榮譽勳章。在一開始，當沖交易的過程或許很刺激誘人，能夠光憑交易賺錢過生活的機會看起來實在太棒了。實際上，這卻是個恐怖的冒險歷程！你可以在坊間看到各種提供教育訓練的管道（事實上所費不貲）。你可以在書櫃上排滿各種有關當沖的書籍，也可以報名參加訓練課程，他們會灌輸你各種樂觀的期望，你會開始幻想豪華舒適的生活將由此展開。成功的前景幾乎讓你頭暈目眩，眼花撩亂。你開始幻想完美幸福的生活，財富、自由及悠閒彷彿唾手可得。

誰不想穿著內衣待在家裡，一個星期賺進 5,000 美元？

首先，我必須承認，我也曾經沈溺在這種美好的幻想中，但缺乏足以將之實現的自律做法。我在一九九〇年代末期開始輝煌的冒險，從紐約州的水牛城搬到加州的聖地牙哥。搬到西岸不久之後，就聽說這種輕鬆獲利的誘人行業。

但是現在到了二〇〇九年，整整十年過去。我要在這裡警告你，即使沒人想聽：你得先賠錢，否則你可能永遠也無法精通當沖這門技術。許多新手交易員最後絕望地跪在地上，失去面對市場的勇氣。即使是那些有金山銀山當靠山的幸運兒，慘賠的痛苦也會對他們的自尊心造成嚴重打擊。

我知道把焦點放在失敗的經驗上聽起來惹人厭，而且缺乏建設性。不過這一點你可以相信我，我有足夠的理由這麼做。馴服「損失」這頭猛獸是你最重要的工作，否則無法締造長期持續獲利的成功。在當沖這一行裡，堅持一貫的做法是通往成功的道路。

《當沖，這樣做才會賺錢》將會告訴你，情緒是如何影響及扭曲你的交易決定。每天置身在股市當中，情緒對我們的心理影響極大。股市勝負的關鍵在於能否成功控制自己的情緒。任何人都可以學會如何分析企業基本面，也可以學會如何判讀圖形走勢，但是到頭來最重要的工作則是落到即時交易指令的實際執行。這也是為什麼情緒與情感在當沖的過程中扮演如此重要的角色。我會讓你知道，當情緒掌控一切的時候，會發生什麼樣悲慘的後果。尤其是當難以抗拒的恐懼及貪欲出現時，下場通常都會很悽慘。

我再一次強調，我並不是要教你點石成金的煉金術，或者是送你一隻會下金蛋的金雞母，而是要提醒你每天透過鍵盤從事當沖時，其中潛藏著各種危險。當沖新手整天沈浸在各種正面幻想，受到野心及腎上腺素的驅使，很容易就忽略腳下佈滿危險的事實。

我希望這本書的文字能夠免於枯燥乏味，讀起來輕鬆易懂，同時也可以成為有志於專業當沖交易員的參考工具。如果你只把這本書當成工具，或許會被某些章節的內容吸引，而只

挑選其中部分的段落，以解決你當前最迫切的問題。我覺得我應該警告你不要這麼做，應該按部就班地逐章讀下去，因為後面章節的內容是根據前面章節的概念發展出來，你若省略一些章節不看的話，某些觀念就兜不攏，無法形成完整的系統。

我以「完美的一天」來進行總結，但我並沒有誇大完美交易的表現，而是要藉此提出警告，如何避免讓原本看起來完美的一天到最後卻自雲端跌落。在整本書裡，我詳細描寫自己是如何透過敏銳的自覺才逐步找到成功的祕訣。而我真正的目的是要幫助你培養自律的心態，然後應用到你自己的交易方式。

書的最後有一個「當沖心法」的附錄，完整搜集原本散列在各章節的八十多條原則，目的是方便你查閱複習，提升你的表現。

最後我以提供顧問輔導的線上課程作結，希望能夠幫助更多的新鮮人成功。我相信最好的學習方式就是跟在一個經驗豐富的老師身邊，親自實際體驗。在我的輔導訓練課程裡，我將全程與你一起，進行一個月或一週的一對一實際當沖交易。若想知道更多詳情，請上我的官網www.DayTraderJosh.com.

為了回應我不斷提出的預防警告，你或許會想：「想賺錢的話，低買高賣不就行了嗎？」

我勸你趕快放棄這種天真簡單的想法，為什麼？因為，你將因此受害。多麼希望在我剛踏入這一行的時候，有人這麼警告過我。

滿腔熱血的業餘玩家

那年是一九九九年，我駕車從聖地牙哥的家前往爾灣。一路上都是湛藍的天空，柔和的陽光輕輕地吻著大地，這樣的氣候是南加州特有的恩賜，隆冬之際也大多如此，我每天都樂在其中。這樣的天氣讓我覺得滿懷希望，勇氣十足，感覺起來是個好預兆。我之前住在氣候寒冷，天空灰暗的美國東北部——紐約州西邊的水牛城。

我正準備前往參加一個為期三天的當日沖銷訓練課程。一週前，我在電話裡被這個課程的業務代表說服，覺得自己應該參加這個課程。他滔滔不絕口若懸河，讓我下定決心參加這個課程。

之前我已經從事股票交易六個月，即使還未嘗試過當日沖銷，我也很想學習看看，這通電話來得真是時候。當我愈來愈接近爾灣，我的期望也愈來愈高，完全忽略了眼前的美景，沈醉在興奮的情緒當中，靠著反射動作在駕駛。

我滿腦子想著要在訓練課程結束之後大展身手，賺進花花綠綠的鈔票。你看看，我的信心及熱血都滿溢出來了。在我半年的股票交易經驗裡，我確實做了幾筆不錯的交易。

我當時完全沒有想到，我的好運已經快要給用光了。

我抵達目的地，走進豪華的飯店，拿出信用卡讓櫃檯人員刷卡，然後接受三天鼓舞人心的全面性訓練課程。

課程結束時，我一路開車回家，滿懷的雄心壯志讓我不得不先找個人來分享一下，我把車停在未婚妻工作的地方，還故意用輪胎磨擦地面發出白煙。我忍不住想親自告訴她我剛學成不久的煉金術。

我還故意賣弄一下，「甜心，我剛剛得到一隻金雞母！事情很快就要有所改變了！」

這句話裡唯一正確的地方是「改變」。我當時完全錯了，然而在我的想法裡，我認為事情會朝好的方向發展。

第二天一早，我一骨碌地溜下床，打電話連絡所有的網路資源公司。要有他們，我才能施展剛學會的當沖煉金術。他們主要是提供即時的市場交易資訊及專業股票分析公司。

很快地，我就一切準備就緒。

我只穿著短褲坐在椅子上，赤裸的背脊好像快要長出雙翼。我就這樣一邊享受著家裡的舒適，一邊展開我第一天的當沖交易，我現在和華爾街那些大傢伙們同樣擁有一流的工具。

加州陽光從我的百葉窗縫隙裡溜進來，為我的新生活送上

一個微笑。我的未婚妻最近才買下位於聖地牙哥北邊海岸市的這棟房子，地點很棒，但有點貴。她和我一起分擔所有的帳單。我決定只要錢嘩啦啦地流進來，一切的帳單就由我負責。我的女友為我支持她的勇氣及鼓勵感到驕傲與高興。

所以，一切就這麼開始了。我有剛上完的課程、女友的支持及陽光在身邊，再加上線上資源及即時資訊一切就緒，每天早上我伸伸懶腰，抓抓癢，穿上短褲，光著上身，打著赤腳就開始工作了。

剛開始我並沒有真的上線交易，換句話說，我只是在進行虛擬的模擬交易——紙上交易。也就是說當我執行即時買賣指令時，只是演練上課所學到的一切，但終究只是練習而已。我只是把所有的買賣交易價格記錄在紙上。紙上交易是設計用來傳授交易的方法與策略，而不會有真正的盈虧。嗯……，就好像我之前幸運地做的幾筆不錯的交易一樣，它讓我得到一種自信的假象。

哇啊！第一個月的紙上交易讓我有滿滿的自信，在短短的一個月裡，我就賺進10萬美元的虛擬錢幣。我一次就買進一萬股，記錄在紙上。我的自信已經破表爆棚了。

但在接下來的幾個月，就在這幾個月裡，我失去了一切。

前幾週紙上交易的經驗加上三天講習營的新鮮記憶，以及我讀過二十多本有關當沖的書籍，內容背得滾瓜爛熟，我感覺自己像個專家。另外我也訂閱好幾份金融專業報刊，像《華爾

街日報》及《股票與商品期貨的技術分析》雜誌。所有的工具及資源都齊備，但我的實際交易經驗卻很少。

我當時是在一家著名的網路券商開戶，每次交易都要付15美元的手續費。

我永遠不會忘記我第一天真正上線做當沖的情形，這一次我是用我自己的錢來做交易。眼前有一台三十六吋的捷威電腦螢幕，還有一台筆記型電腦，我感覺它們似乎能對話！虛擬的紙上交易經驗全部被我拋在腦後。

今天我真的上線交易了！

至今我仍清晰記得第一次送出真正的買賣指令時，我有多緊張，感覺整個人都要被壓垮了。這種壓力感要比我之前做過的那些小筆幸運交易強十倍，從來沒有這麼強烈的感受。

之後的每筆交易都驚心動魄，每筆交易都令我膽顫心驚，極度地不安。因為這是拿辛苦賺來的血汗錢來做當沖，就像在賭場賭博一樣。你的心跳瞬間加倍，你的腦筋開始快轉。

在這種情況下，很難冷靜地思考，我想每個交易員都曾經感受過，即使是有金山銀山當靠山的人也都一樣。因為沒有人喜歡輸錢！

智者曾經說過，「聰明的人從自己的錯誤中學習，有智慧的人從別人的錯誤中學習。」結果，我只能從自己的身上學習，至於各位讀者，你們可以輕鬆點，從我的過錯裡學習。

第一部分　心理層面的真實問題，如何克服及處理

　　市面上有許多股市當日沖銷訓練課程，卻不曾提到初學者要如何掌握自己情緒反應的這個重要課題，對此我感到非常的訝異。任何一位提供當沖專業指導的人士應該都知道：當沖交易員要先學會控制自己的情緒，否則是不可能持續獲得成功的。

　　本書第一部分的目標放在探究當沖交易員的心理，同時提供我從慘痛經驗中學來的教訓。這麼做的原因，就是希望讀者在一開始就能夠理解其重要性。我希望讀者不要急著翻到後面閱讀有關技術策略的章節，除非你已經將這裡討論的內容全部消化、吸收轉換成你自己的東西。

　　為什麼這個部分如此重要呢？在你踏入當沖這個高壓力的職業生涯之前，瞭解自己是成功的第一步。

第一章

瞭解自己是第一要務

　　你最好先誠實地回答以下三個問題：當日沖銷是什麼？它跟其他形式的股票交易有甚麼不同？最後一個問題，也是最重要的問題：你當沖交易的技術水準如何？是屬於哪一種等級的？

　　在你成為全職的當沖交易員之前，以上問題的答案，你應該十分清楚。然而你可能會發現其中有些問題並不容易回答，有關當沖的問題，在證券業裡也有些混淆不清，而且究竟要如何評估自己的交易技巧水準，更是難以捉摸。

　　參考投資百科網站（Investopedia）對於當日沖銷的定義：

　　　　當日沖銷是指一項證券的買進與賣出都在同一個
　　交易日內完成。

這個定義夠明白嗎？

做為一位初學者，你應該清楚地瞭解當日沖銷與投資的明顯區別。搞清楚你是對哪一個有興趣，以及自己的交易技巧如何。你會發現要釐清這個問題可能需要好好地思考一番，因為即使是每日從事當沖的工作也有好幾種不同的工作景象。

在網際網路普及的十幾年以前，多數的當日沖銷交易員都是在銀行或投資公司上班，他們的頭銜可能是證券投資專家或專業基金經理人。但是現在呢？由於法令的修訂及網路的蓬勃發展，使得當日沖銷成為一項新興的行業，有成千上萬的人在家裡就能每天在股海裡殺進殺出。私人證券交易員就成為他們正式的工作頭銜。

到街上隨便找兩個人問問，他們對於當日沖銷交易員有什麼印象，或者是瞭解多少。他們可能提到華爾街或者是每天窩在家裡的御宅族。其中一個可能提到，像是個額頭冒汗、領帶鬆開及捲起袖子的男子，對著交易廳內某位像是不斷地被騷擾的同事吆喝著市場交易的指令。另外一位可能形容他是個穿著短褲、整天黏在電腦螢幕前的傢伙。

這兩種答案都是對的，因為當沖交易員沒有一種特別的固定形象，有各式各樣的當沖交易員。我提的這兩種交易員形象當然還不夠，事實上也還有各種不同的形象，而且他們也各自擁有不同的交易方法及風格。你或許聽過用交易方式及風格來為他們進行分類的名稱，例如動能交易員、極短線的搶帽客、

淨值交易員等等一大堆。

如果你覺得自己已經被這些名詞搞得頭昏腦脹，只要記住一點，專業的當沖交易員必定要在每天市場交易時間結束時，結清所有的部位，當沖者絕不**持股**過夜。

掌握當日沖銷祕訣最好的方法就是明辨它與其他交易方式的不同：當日沖銷不是投資。提到股票交易的話，當日沖銷與投資主要有四個不同的面向：

1. 投資股票需要對企業進行深入及大量的研究及瞭解；
2. 通常需要大量的資金才能建立一支股票的投資部位；
3. 一般來說，當你投資時，就是持有一個部位較長的時間，希望獲得較多的報酬，你**持有**這支股票的時間長短是衡量你期望的投資報酬率的主要指標；
4. 投資需要預測未來。

股票投資分為短期及長期，所謂短期投資通常是指**持有**部位的時間不超過一個企業的營業季度，也就是不超過三個月。而長期投資就是**持有**部位的時間超過一個季度，期望能分享企業的股息股利以及未來獲利的成長。

如果把投資的定義擴大，你也可以說當日沖銷屬於投資行為，因為你是在那個當下用自己的資金投資在一支股票上面。但是你可以不必對這家公司瞭若指掌，而且你不是（嗯，我希望你不是）將大多數的資金投入，幾乎從不**持股**過夜，你也不

必預測未來。這也是為什麼你被稱為是當沖客，而不是投資者。

若適當運用投資者這個詞彙，我們通常是指避險基金經理人以及投資組合專家。這類證券經紀人通常是在像高盛或美林這類的大型券商工作，他們掌握的資金高達數百萬美元，而且那些錢是屬於客戶的。因為這些錢不是自己的資金，他們必須取得一定的執照。他們大部分的時間是花在研究企業、預測獲利，發掘新客戶以及留住既有的客戶。

這些基金經理人或者是有執照的證券經紀人，不管你如何稱呼他們，他們所要決定的是，要將哪家公司加入他們的投資組合，以及進行風險控管。一旦他們決定要將客戶的錢投資在某支股票，他們就會通知公司的交易部門。一位受雇的交易員就會依照指示進場買進股票。

這類股票交易員不能依照自己的判斷來進行交易，他跟證券經紀人必須先取得執照。他的工作就是每天依照指示來進行交易，通常是領取一份固定的薪水，再外加一部分的佣金而已。

所謂的當沖客，或稱私人證券交易員，就人如其名，他的工作類型與前述的券商雇用的交易員完全不同。他動用的是自己的資金，也沒有必要取得一定的執照。他可以自己在家裡上網進行交易，或者在一家以交易股數計算手續費的券商交易廳裡進行交易。

當沖族所扮演的角色就是將時間及精力灌注在每天股價波動的交易裡,他們的注意力全神貫注地放在股價的震盪及波動。

當沖族多數只關注股票的成交量,及股價走勢如何被這些波動影響。他們完全不理會有關企業大量的全面式預測及分析。那樣的做法對當沖族來說是見林不見樹,當沖族反而比較像是在花間到處穿梭的蜜蜂,不斷地尋找其中花蜜最香甜、最豐沛的那一朵花。

當沖族不打算**持股**過夜,有關股票的新聞或者是企業的獲利報告不太會影響他們的交易。雖然說,企業消息及其他基本面的資訊對當沖族仍有一些影響,但不至於是非常關鍵。別忘記,他們不是投資者,他們不會全部押注在一家公司。他們是根據一天之內投資者對某家公司股價的興趣所創造出來的成交量來做交易。

到了這個關頭,你可能會認為我所說的當沖族完全不關心他們所交易的股票屬於哪家公司。你只猜對了一半,第十四章「如何簡化選股程序」及第十五章「新聞只是不相關的噪音」會進一步詮譯這一點。

你可能會有以下疑問:當沖族的交易行為對於市場來說有什麼好處?

對於初學者來說,當沖族對於股價的波動──也就是市場的流動性──相當重要,尤其是股票的流動性愈大,就愈容易

成交，因為有很多人希望買進及賣出這支股票。如果沒有當沖族居間介入，那麼想大量買進股票的投資人在買進過程中必定會推升股價價格。相反地，當投資者大量賣出時，當沖族的介入也使得市場流動性增加，可以減緩股價的跌勢。

你現在應該對什麼是當沖客以及他們的行為有更進一步的認識，什麼是他們會做的，什麼是他們不會做的。接下來的首要工作就是要搞清楚你的技術水準。我準備了下列幾個問題，依重要性排列，它們分別是：

- 你一天可以進行幾次拋補交易，獲利性如何？
- 你交易的資本有多少？是否進行信用交易？
- 你從事證券交易有多久的時間？
- 你從事哪些金融商品的交易？
- 你的交易資金是自己的嗎？還是替別人操作交易？
- 你是領有執照的代操交易員？還是根據過往操作經驗？
- 你受過哪些訓練？

你是否頻繁交易，獲利如何？

這比其他任何因素都重要，你的交易技巧就是建立在每天能夠進行多少次的交易，以及能否持續獲利。如果你能每天做一筆好買賣來賺錢，那很不錯。但若一天內能夠完成一百筆交

易且有這樣的成績，那就更棒了。你交易的頻率是顯示你交易
技巧水準最重要的指標。頻繁的交易、頻繁的獲利才是專業當
沖客的明證。

你有多少交易資本？是否採取信用交易？

一個有錢的初學者可能一開始就準備好100萬美元來當資
本，如果又能取得五十倍的信用槓桿，他可以利用保證金交易
大展身手。但這難道就代表他的交易技巧勝過一個只拿得出
5,000美元的傢伙嗎？答案是否定的。

為了要買進十倍的股票，你當然需要十倍的資本。如果你
手邊剛好有足夠的資本，那很棒。但那並不能保證你能有更多
的獲利，它只代表你有可能賺得更多，也有可能賠掉更多。

你不應該只是因為你手邊的資金足夠就大量買進。你買賣
的股數應該只能隨著你的交易技巧提升而同步增加。我建議你
將每筆買賣的股數由一百增加到兩百的過程中，小心謹慎地採
取一種非常緩慢漸進的步調。每當你發現增加買賣的股數讓你
的獲利泡湯，就必須減少交易買賣的股數。不管你的資本有多
雄厚，沒有必要因為自己的技術水準不足，眼睜睜地看著它漸
漸消失。

我總是以一百股做為交易的起點。為什麼？如果你每天維
持以一百股進行一百次的當沖交易，而且持續獲利，就能磨練

出以一百股進行交易的高超技巧。

從另一個角度來看，以任何一支股票為例，我們假設一股要50美元，那你需要以5,000美元來買進一百股。若你有100萬美元，可以一次買進兩萬股，或者是四支股票，每支股票五千股，以此類推下去。你能看出我的用意嗎？你的錢愈多，但你的技術欠火候，你就愈可能遇上大麻煩。以下就是我親身的慘痛經驗：

部分原因是當時我還算是個業餘的當沖族，我正在學習如何掌握我的信用槓桿。我一開始是在一家以交易次數計算手續費的傳統券商開戶，它給我的信用槓桿是一比四，這就增加我的購買力，讓我一下子以為自己的錢變成四倍。我馬上開始買進較多的股票，有時甚至一次買進一萬股，惡夢馬上來臨，讓我損失慘重。

這本書裡有很多是我犯錯後的自白。我會在不同的章節裡以不同的角度分析各個可怕的夢魘，目的是要幫助你看清這些錯誤。在這一章裡，我要強調的是我當時缺乏足夠的交易技巧，但是資本的增加讓我的自信過度膨脹。

最後我終究發現，一位技術高超的當沖族，不管他的資金多寡都能賺錢。即使他手中有100萬美元，他也會每次只以一百股做為交易單位，然後充分發揮他的技巧，藉由交易多支股票來降低他的風險。

這個傢伙可能在一彈指之間就買進二十支股票，每支一百

股。你或許會想，這麼做會不會把交易獲利稀釋得太薄。

同時監看二十支股票的確很嚇人，但它終究比你把雞蛋全部放在一個籃子裡更安全。做為一個初學者，你當然不想整天緊張兮兮地盯著多支股票來回震盪，但是等到後來，經過一些練習，你就會發現，分散每天的投資組合才是最聰明的做法。說得白話一點，就是盡量把你的股票觀察名單弄得長一點，持續觀察，這樣做大約能減少八成風險。

雖然擁有較多的資金不會自動提升你的技術水準，但它的確能慢慢地讓你變得更聰明，因為你有錢可以練習。資金不多的人也不必擔心。不管你是否擁有一拖拉庫的資金，你都必須記住這件事：學習管理你的風險。你的技術水準愈高，你在這方面就會做得愈好。

風險管理是知道如何動用你的資金，需要動用多少，以及何時動用而已。第六章「風險控管的重要性」會進一步說明，如何將它應用在每日的當沖交易裡。

你從事交易有多久的時間？

這個問題隱含著好幾個難以回答的答案。我曾經聽說有一些業餘的交易員，只上過一對一的指導課程，讀了一兩本書，練習了一兩個月，就正式下海做起當沖族，而且表現得相當穩定及持續獲利。在短短不到一年的時間裡，他們就成為足堪典

範的專業當沖客。

當然也有一些交易員，包括我在內，努力掙扎了好幾年才找到他們謀生的技能。雖然說不是完全不可能，但很難說，一個交易員要花多少時間才能建立起屬於自己的技巧。

當然，你在這行打混得愈久，你會得到愈多的技巧。不過我在此敢自信地說，所有的當沖交易員，不管他們是花多少的時間達成持續獲利，時間能夠證明一切。而提升交易技術水準的關鍵就是積極地進行交易。

你從事當沖交易有多久的時間？這個問題並不只是要問你確切的交易時間長短，真正重點在於你在這些時間裡究竟做了什麼？你是否真的善加利用這些時間？

以下是一些建議，能夠加速提升交易技巧：

- 積極地進行交易，而且持續一整天。
- 事先對你的資金運用做好預算規劃，把時間留下來全神專注在交易上。
- 參加一個顧問輔導訓練課程，你可以親身觀察及學習。
- 取得紐約證交所系列七綜合證券經紀人執照，然後找一家像美林這樣的證券公司，從事一份領取固定薪水的工作（非必要）。
- 在你空閒的時間，盡量研讀吸收各種有關市場的資訊，特別是當沖交易的戰術及策略。

你交易哪些金融商品？

你交易過股票、大宗物資商品、債券、選擇權、期貨、仙股[1]，或者是其他的金融工具。

一個專業的當沖客基本上可以從事任何金融商品的交易。然而多數的初學者只從事證券交易，也就是股票交易。以我個人的意見，那是最安全的入門市場，因為證券交易所提供最透明的市場機制及市場資訊，對初學者來說，股票是最容易學習的金融商品。

這並不是說，你若從未從事選擇權或期貨交易，你的交易技巧就無法達到專業的程度。這要歸結到你對什麼金融商品覺得最熟悉，也最感興趣。

關鍵是，你要找到賴以維生的方法，然後堅持下去。舉例來說，若你選擇只交易股票，將來或許能成為證券交易大師，甚或你只交易某一類型或單一產業的股票，例如科技股或能源股。你愈能微調你的交易風格——如超短線的搶帽客——你就能獲得該項金融商品交易的愈多技巧。

---

[1] 譯者註：仙股是指股價低於1美元，透過券商的櫃檯買賣報價系統交易的美國股票。它們與一般在紐約證交所、美國證交所及那斯達克股票市場掛牌的股票不同，有些是被這些主要的股票交易市場強迫下市的，不必遵守美國證券交易委員會的資訊揭露規定。一般認為這些股票容易受到操控，市場流動性較差。

你的資金是自己的嗎？或者是代客操作？

若你想拿別人的錢來投資，你必須先成為有執照的證券經紀人。除非你已經非常有經驗，否則沒有人會信賴你。但是同樣地也請你記住這一點：即使你沒有證券經紀人執照，是個獨立的交易員，並不代表你就不是一個專業的交易員。

你是有執照的交易員，還是根據過往操作經驗？

如果你是在家上網交易，你大概算是個獨立的當沖客。若你比較喜歡在一個專業的交易廳裡，進行交易。你可以有兩種選擇：一種是維持獨立的交易行為，不過要到以交易股數計算手續費的證券交易公司去，另一種是你可以取得系列七的證券經紀人執照，然後到像高盛這類的大型券商去謀職。

我知道不能以交易員工作的地點，或者是否擁有證照來評斷他的技巧水準。我認識一些有執照的當沖客，他們卻無法持續獲利。我也認識一些沒有執照，在家交易的當沖客，他們的交易紀錄卻相當地亮麗傲人。

在當日沖銷的世界裡，一張執照證書並不能讓你成為當沖高手。不過你若想要取得系列七的執照，所需注意的第一件事應該是它的手冊相當厚實，因為裡面的資料鉅細靡遺，詳細地介紹企業的相關訊息，以及股票市場如何運作的相關資料，你

可以盡可能地塞進腦袋裡。你可以學習到證券交易委員會的各種法規，以及企業如何揭露財務報表的完整過程。基本上，你可以對證券市場有個完整的瞭解。

你接受過哪些訓練？

　　訓練相當重要，若你只是參加過一次講習會或者讀過一兩本書，就想下場做起當沖客，那你根本就是自動走進屠宰場的肥羊。你不可能只是靠著讀讀手冊，參加考試取得執照，就能學會如何當一名成功的當沖客。目前最有效的訓練方式就是參加顧問親自指導的訓練課程，有時被為實戰模擬訓練。這類訓練課程通常是由專業的交易員和學員兩個人一對一地實際演練指導。

　　關於專業個人顧問指導的內容，我們稍後還會陸續談到。

　　此刻，我希望已經幫助你瞭解什麼是投資，什麼是當沖，另外，也希望能夠提升你的技巧水準。

當沖心法

- 提升交易技巧是個漸進的過程，千萬不要在沒有經過專業顧問實地指導訓練之前，就貿然行事。

- 單憑一張紐約證交所系列七的執照證書並不能讓你成為專業的交易員，你還需要更多的訓練。

- 當沖交易時，永遠要積極地進行交易，它是磨練技巧的關鍵。

第二章

別讓情緒吞噬你的交易

　　在當沖交易中，情緒是最難纏的敵人，這個道理是顯而易見的。它們通常會對你整天努力的成果產生負面的影響。身為一個業餘的當沖客，你必須馬上認清情緒是交易策略的剋星。

　　控制或消除自己的情緒感受應該是當沖交易員所追求的最高境界。如果你平常做事我行我素，完全不考慮後果的話，那你根本不是在做交易，而是在賭博，因為你根本無法控制自己的交易。

　　你知道情緒是如何吞噬你的交易嗎？當你買進一支股票，但是股價走勢對你不利，你卻沒有馬上出場，而是**持有**它等待反彈，接下來**持有**的時間愈來愈長，最後你就陷入這支股票的泥沼裡。

　　就像我還是個菜鳥的時候，你可能會開始詛咒：「他 X 的，你最好趕快給我漲上來，否則我會把這台螢幕給扔出去！」

所有的當沖客都有一兩次類似的經驗，但最後都導致嚴重的後果。雖然很少有人會真的動手砸爛設備，但是當我們感到挫折、失望時，我們的確很容易打破自己訂下的交易規則。我們也很容易發明一些毫無意義的新規則。

人難免犯錯……

我們大夥兒都知道。

情緒就像一些在你腦子裡不受約束的小雜音。當事情不如原先計畫地進行，它們就會發狂。它們是你天生內在的一部分，遇上不確定的事就會煩躁不安，但是當沖交易中的不確定性也是天生注定的，那你能怎麼辦呢？

我整個當沖的生涯就一直在跟這個天生的弔詭奮戰。我無法完全剔除我的情緒影響。我曾經試圖擺脫它們的糾纏，但它們是我的一部分，它們永遠住在我的心裡，就像我的手腳一樣，和我是緊緊相連在一起的。每當交易開始出現不順，我所需要倚賴的是我的理智，而不是我逐漸增加的不安，但此刻卻是它們最活躍的時候，發出的雜音最大。

我瞭解這個問題之後，知道必須採取一些預防措施，就好像颶風對建築物造成威脅。我們必須對自己天生的反應建構起堅強的防禦工事。在交易過程中，就像從事任何值得努力的工作，難免會萌生焦慮及貪念，這些都無法避免。但是其中最重要的是如何減輕它們造成的損失及災害。我們必須學會如何馴服及管理它們，就像一位技藝高超的馴獸師能有效地控制他的

野獸。

我找出其中兩頭最可怕的猛獸，你們或許已經猜到那就是恐懼及貪欲。當我生氣、沮喪、絕望或畏懼的時候，牠們正是幕後黑手。

恐懼因素

讓我們先從恐懼因素開始談起，我們的心本來就包裹在恐懼裡，它是維持我們生存及成長的必要反射動作。當我們在逃離野獸，或在戰爭之中掙扎時，恐懼反而激發我們的生存意志，讓我們發揮出比平常更大的能力。但是若在當沖交易時，當恐懼戰勝我們所需要的冷靜及中立的分析，這種原本的保命機制反而成為我們失敗的原因。

當然，業餘的當沖族受恐懼的影響最大，而且吃的虧也最多。由於他們缺乏經驗，反而造成他們過度自信。而就如我們後來所觀察到的，過度自信讓他們行為魯莽、忘掉危險，而一頭栽進沈重的損失。由於先前完全忽略身旁危險的失敗經驗，後來反而變得畏首畏尾，沒有半點勇氣與意志。要從戰敗的泥沼裡脫身，必須學習如何重振旗鼓，拿出最重要的武器──真正的自信。

真正的自信要藉由學習聽起來保守又無趣的美德──謹慎──來建立。謹慎是一種過度受到貶抑的心態。謹慎幫助交易

員找到一條減少損失、馴服恐懼的方法。稍後我會再多談談這項美德。

當我還是個菜鳥的時候，恐懼因素曾經牢牢地抓住我，它讓我錯失好多次應該採取明快決定的機會。它經常在以下兩種情況中出現。第一種，也是最常見的，在我準備下注買進的時候，它冷不防地襲上我的心頭。我看著螢幕上股價走勢出現一個完美的套利機會，正當我在下達買進指令時……，我突然整個人僵住。我的內心翻攪不安起來，開始懷疑我的交易策略，「這筆交易實在太冒險了！」的想法突然冒出來，我整個人僵住將近十秒。但是在當沖交易裡，十秒鐘的停頓已經太久了。

我後來學會一個消除恐懼的方法──找到一個可以讓自己安心、自在的方法。找到它，瞭解它，堅持下去，把它當成是一種強制性的內建法門。

這裡只提供一條簡單易記的心法：當你感覺恐懼的時候，馬上降低你的曝險，什麼都別想，做就對了。這是逃離恐懼最直接的方法，但是在那樣緊急的時刻，你可能會有所猶豫，所以要學會將它變成是自然的反射動作。如果你正準備下注買進一千股來進行交易，此時突然心生恐懼，立刻降低你的曝險至五百股或一百股，到任何一個能讓你覺得安心的股數。我幾乎能向你保證，如果你馬上調整你的曝險部位，你的焦慮馬上就會消失。

第二種是發生在你已經買進股票部位，擔心自己的賣出會

錯失接下來可能豐收的獲利。假設你已經以49.75美元買進一百股，你設定的獲利賣出點是50美元，49.65是停損出場點，你希望這筆交易能幫你賺進25美元（0.25×100），或者最多損失10美元。

　　很少會有機會，你一進場股價馬上就漲至你的獲利賣出點，輕輕鬆鬆地就能把25美元放進口袋。反而多數的情況是股價在每分鐘走勢圖裡上下來回震盪，它會一下子漲至49.90美元，只差獲利賣出目標50美元一點點，然後又拉回到你的進場價，甚至也可能向下測試探底，請參考圖2-1。

圖2-1　每分鐘走勢圖

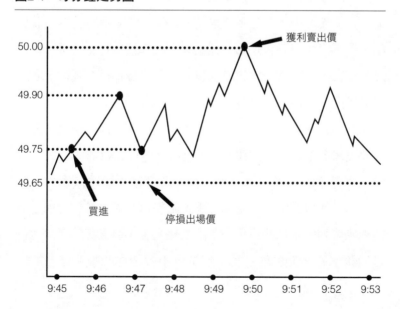

在短短五分鐘的交易裡，這個震盪向上的走勢就能讓你的情緒激動起來，股價很少有機會呈現直上直下的走勢。

最難熬的部分是它在一分鐘裡來來回回好幾次。業餘的當沖族經常為此搞得心神不寧、心煩意亂。而且常常在股價還沒觸及他們原先設定的出場價就賣出退場。他們不是提前認賠出場，就是提前獲利了結。

心裡的恐懼作崇慫恿他們馬上賣出，即使走勢是向上，但還未觸及原先設定的50美元目標價，特別是在股價屢次向上測試，但未能一鼓作氣突破之際。

就以我自己還是剛入行新手的經驗為例，我在49.80美元賣出，因為這種懸疑的氣氛太折磨人，然後這筆交易每股只賺進0.05美元，或者我在股價稍微跌落49.75美元的進場價就賣出，太早出場。不管是哪一種結果，我都搞砸這筆交易，因為恐懼讓我失去理智。當我準備以千股為單位進行交易時，我又曝險過度，害怕得不敢再進行交易。

這回就跟之前一樣，我害怕得不敢入市。而這份憂懼使得我喪失好多筆豐厚的獲利，我再度成為情緒的奴隸。

這種來回震盪的每分鐘走勢圖會持續不斷地閃過你的眼前，讓你變得緊張，逼得你想逃離眼前這一切，讓你考慮重新回去過著薪水奴隸的日子——因為輸光了，今後只能靠著每個月的薪水過著無聊的日子，但至少不會讓你想拔光自己的頭髮。

最後我發現一些內在的解決方法，除了之前提到的謹慎之外，我發現老媽的智慧真的很管用——耐心的力量。謹慎加耐心，再加上降低曝險，你就大致可以克服恐懼。

我會再度重新提到這些美德。

你的曝險愈少，你的恐懼就愈少。任何人都能看清這一點，但是一名初學者可能無法立即看清，他需要建立起一套強而有力的風險自動降低機制。這樣當他受困於股價震盪時，才不會手足無措、倉皇失據，反而是立即採取行動。

貪心不足蛇吞象

現在讓我們來談談貪心。貪欲就和恐懼一樣，是人類與生俱來的，它也同樣無法擺脫，只能馴服，降低它的危害。

從事當沖，我們的確需要一些貪念，因為那是每天驅使我們持續下去的動力。渴望更多的目標及願意承受更大風險的動機及理由，就是這些使我們與路邊的攤販及上班族有所不同。

但是貪心會引發過度的自信，貪心會讓一名當沖客魯莽、不計後果。貪欲及恐懼剛好是對立的。貪心會讓經驗不足的當沖族毫不猶疑地跳進股海，不受控制的欲望會讓他失去理性的思考，涉入他平常不願嘗試的險境，讓自己掉入各種的陷阱。

貪欲是最危險的情緒。恐懼雖然有害，但不會讓你蒙受重大損失，然而貪念卻可能毀了你。貪心會引發放縱，最後會破

壞你的紀律。一時的貪念可能會讓你瞬時掉落萬劫不復的陷阱。

貪念會製造兩種令人墮落的陷阱。

第一種是發生在你順利成功地完成一筆交易之後，你帶著事先規劃的小額獲利出場。這裡的「成功」及「事先規劃」是重要的字眼，它顯示你之前在交易時擁有足夠的耐心及謹慎。

但是你現在注意到剛才交易的那支股票，股價突破跳漲，所以你想再次進場跟著撈一筆。此刻你的貪念現形了，你渴望以比你剛才獲利了結更高的價位重新進場，而且痴妄地期待股價能再往上漲。

然而不幸的是，事實並沒有朝你預期、希望的方向發展，而且你現在正在賠錢，你晚一步發現你已落入情緒布置的恐怖陷阱。

這一切還沒有結束。貪念還沒有完全放過你。第二道陷阱跟著登場。由於股價的走勢對你不利，你就還留著**持股**。你抱持著股價能夠回升的期望，你現在只能帶著剛剛努力賺來的一點點錢，任憑市場宰割。而我只能說，祝你好運。你現在慢慢有一種即將成為滾落斜坡雪球的感覺，損失可能愈來愈大。這一切都是貪念作祟，施展它的魔障。

有一天我在交易亞馬遜書店網站（Amazon.com）這支股票，我一整天都守著它拋補。我做得還算不錯，只有在設定了自己的出場價之後才進場，而且我每次只買進一百股。那天的

交易非常順暢，即使股價波動不大，但趨勢一直走升，幾乎我的每筆交易都很快地獲利了結出場。這錢還真好賺。

此時到了下午三點鐘，只剩下最後一小時的尾盤，而扣掉手續費，我當天已經賺進650美元，我整天都一直進出，每筆交易都能賺個15、25及40美元。只有一兩筆蝕本，在20到40美元之間，但那是正常的，而且在預期的範圍之內。

在最後一小時的尾盤交易，我盯著走勢圖看，乖乖隆地冬。我注意到成交量大增，而且股價在不到五分鐘的時間裡暴漲近1美元。它一整天都不曾出現這樣的走勢，也沒有什麼關於亞馬遜書店網站的特別新聞，各項指數也相對穩定。

錯過那個漲勢讓我心裡很不是滋味，我想賺更多的錢，我想要把今天賺的錢湊到1,000美元的整數，我還只差幾百美元就夠了。

我想……，我想要……，我想要！這就是貪心啊！結果它在我心裡燃起一股熊熊的妒火。我感覺好像每個人都變得愈來愈有錢，除了我之外。我整天努力交易只能賺得一些蠅頭小利，而現在這支股票強勢上漲，我卻沒有分到一杯羹，我垂涎那塊大餅。

我開始準備大展身手，我說服自己相信那支股票接下來肯定要大漲特漲。我讓我的貪念化身成危險的莽撞，讓我有勇氣嘗試「不成功便成仁」的危險，結果通常是成仁的機會多。我拋棄以往堅持的謹慎，一口氣買進一千股。

就在我買進一千股之後，股價立刻下跌20美分。

這算不了是什麼大問題，我已經習慣20美分的跌勢，它整天都是如此上下波動。但我平常只有一百股，20美分的波動對我來說就是賺賠20美元而已。但是這次不同了，我可是買進一千股啊！所以這一次，我一口氣就虧掉200美元。

我完全失去自制，可以感覺到自己被貪念完全控制住，但我竟一點也不在乎，其實它就像是賭博的衝動。我竟又進場買進一千股，準備進行攤平的動作，再買一千股，再買一千股……，等到我回過神來，我手上竟然有五千股亞馬遜書店網站的股票。

這五千股最後累計平均下跌35美分，只在短短的二十分鐘內，我的損失達到1,750美元（0.35×5,000）。

此刻我的貪婪立刻崩潰，變成驚慌。我知道如果股價持續下跌的話，也就代表我將虧損更多的錢。所以我投降了，立刻認賠1,750美元，賣出五千股出場。

在三點之前，我都緊守我的原則，只以一百股進行交易，而我買進第一個千股恰巧接近尾盤漲勢的最高點。如果我堅持我的原則，只買一百股的話，接下來就不會引發這麼嚴重的後果。

往好處想，那支股票的股價後來一路往下跌直到收盤。如果我**持股**的時間拖得更久一點，我將會多損失5,000美元，因為在我出場之後，它又下跌整整1美元。

但若股價在我出場之後逆勢向上呢？我是否過早認賠出場做了錯誤的決定。這類的問題可以讓你搔破腦袋，整夜失眠。無論如何，我當初貪心地買進第一個千股部位的確是個致命的錯誤。我發誓之後絕不再犯這種錯誤。但我後來還是……。

就如我剛開始坦白這一切的時候所提的，恐懼及貪欲都是無法完全避免的。這些特點都是人類心理與生俱來的，也是人類的本能之一。只能馴服，無法割捨。以一千股為單位進行交易是貪念掙脫桎梏的表現。一百股是較小的數量，即使你虧錢也相當容易掌控。每次你買進一支新股票，一百股也會刺激你

圖2-2 30分鐘走勢圖

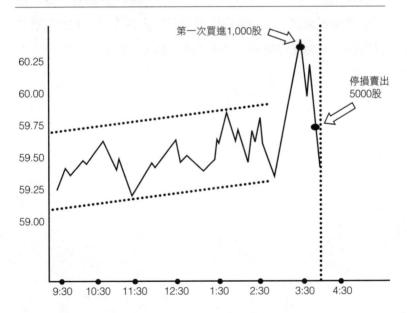

的欲望及渴求，當然這也是貪念，但卻是在掌控之下的。

貪欲是隻活力充沛但會致命的猛獸，不斷地在我們內心舔舐。貪欲應該被鎖在柵欄後面。只有在管制及約束警戒，電擊槍隨掣在手時，才能稍微釋放出來透透氣。換句話說，當你一直維持嚴謹的交易模式——也就是嚴格地遵守風險管理的規定，像是以百股做為交易單位——你的貪念依然存在，只是受到約束而已。

瞭解恐懼及貪欲的力量，瞭解牠們的危險及優點，知道自律才是最重要的關鍵。在進行當沖交易時，你的原始本能必須受到壓抑及束縛，同時也要學習如何熟練地掌控牠們。先以鎖鍊綁住牠們，再仔細地研究牠們，訓練牠們。此刻我所談的是你要如何管束自己，約束自己最重要的人性本能。要想靠著當沖賺錢，首先就要戰勝這些人性的弱點。

當沖心法

- 若是感覺被自己的情緒拖著跑時——立刻降低市場曝險的部位。

- 整天的交易都維持一貫的做法——以百股做為交易單位。

- 設定實際的獲利目標,制定實際的預算——最大的虧損容忍底限。

第三章

避免過度自信

　　帶著懊悔的心情，回想我剛結束第一個訓練課程時，完全不知道天高地厚、自以為已經習得一身驚世駭俗的功夫，再加上我當時所使用的系統及方法，在課堂上號稱經過千錘百鍊的考驗，讓我對自己更是充滿信心，即使一開始的幾筆交易都賠錢，也不太在意。

　　這樣的情形很快地就結束了，因為我幾乎每筆交易都賠錢，很快就把我最初的本錢賠光。接下來的是，我氣急敗壞地想知道為什麼賠了那麼多。我第一個認清的事實是我之前過於自信。

　　自信對於交易員來說，就像廚師無論如何也不能忘記他的隔熱手套。一位聰明的廚師即使不斷地被點餐送菜的服務生騷擾，再怎麼忙碌也會記得：把熱鍋從爐子上移開的時候，抽出時間來戴上他的隔熱手套。

所以重點並不是隔熱手套讓廚師免於燙傷，而是廚師保護了自己。知道何時必須戴上手套，能夠準確做出如此判斷的能力才是他所倚賴的。而同樣地，一位當沖交易員必須完全瞭解影響他交易最大的因素是他自己的判斷，而不是他學會操作的任何系統。

自信就像廚師的隔熱手套，只是一項工具而已。若交易員的自信過度膨脹，他就會變得狂熱、固執或粗心，結果他就會像粗心大意，沒有經驗的新手廚師，相信可以不必戴手套來移動熱鍋，最後燙傷雙手。不管是廚師或交易員，過度自信都會招致燙傷。

就我所知，沒有哪一種股票分析或圖形型態能夠顯示信心因素。沒有哪一套系統能夠百分百地確定告訴你買或賣的時機——因為股市本來就沒有百分百確定的事！

但是做為一個交易員，我們需要信心，而且還需要不少的信心，儘管市場有那麼多的不確定性存在。沒有這項心理資產就甭提想要靠當沖賺錢致富。然而過多的自信也會毀滅我們。自信是我們必備的工具，但總是要能明智地運用；否則反而會妨礙我們。說得白話一點，你只需想想當廚師忙得忘記戴上隔熱手套時，會是什麼後果。你知道他的手會被燙傷，而他工作的能力也同樣會受到傷害。

對一名當沖客來說，過度自信是相當危險的。掌握自信讓它成為幫助自己的工具，而不是絆腳石，是一輩子都要學習的

過程。我自己也在學習中，只是此刻我已習得一些可靠的技巧。

但是，在我剛開始從事當沖交易的第一週裡，我的自信水準過度高漲，它們不但沒有成為輔助的工具，反而成為招致失敗的原因。很快地，我就開始瞭解過度自信會讓我犯下兩種典型的交易過錯。

這兩種過錯就是忽略你原先設定的獲利及停損點，以及**持股過久**。

忽略原先設定的獲利及停損點

我買進一支股票，但走勢馬上惡化，即使股價已經觸及我原先設定的停損點，但我還一直**持有**──而且我一點也不在乎。

繼續**持有**是種固執的舉動，它是種可能致命的期望。在這裡我的自信讓我失去理性，而不再是件有用的工具。我現在變成一個冒失鬼，就像彈在半空中的高空彈跳者，有可能隨時會掉下去，摔個粉身碎骨。

然後我又犯了讓事情變得更無法收拾的錯誤。我買進更多的股票，試圖攤平，降低損失。

在這個關頭，我一頭闖進過度自信的交易地雷區。在第一筆交易已經變得危險之後，在更低的價位買進更多的股票？我

在想什麼啊？我完全被情緒給控制。我買進一支股票，而且股價持續下滑，現在的我變得焦躁不安，而且我恨我自己為什麼不能再多等一會兒，而是搶先買進。

所以基本上，我現在的做法完全是違反常規，變成只是一場賭博。我賭的是希望股價能夠回升，就像賭場裡的傻瓜一樣。

持股太久

這一次我買進一支股票，雖然股價上漲，但依我個人的看法，漲幅還不夠。所以我的過度自信告訴我再等一會兒。接著（當然！）股價拉回到我的進場價，我錯失一次賺錢的好機會。而這支股票的股價甚至可能會跌落我的進場價。

再也沒有比這更蠢、更糟的事。我感覺像一個白痴，錯過原本能好好賺一筆的機會，而我應該有一個清楚的出場計畫。

所以現在我看得非常清楚，必須管好我的自信，以免它不受控制。從我的腦海深處把牠抓出來，摔到桌上，把牠綁好，然後琢磨成我需要的工具。

經過一整天的自我探索之後，我知道接下來要做什麼。我的自信必須配合謹慎，才能幫助我找出符合實際的進出場價格。

過度自信就等於缺乏精準的粗心大意。我必須信賴及絕不

放棄一套足以仰賴的獲利及停損的機制，這樣就等於是成功了一半。

對於這些領悟，我從來不曾感到後悔。

關鍵就是要堅持你的計畫。若你的股價走勢分析顯示，你應該在股價觸及50美元時停損出場，那就停損出場。結清這筆虧損，然後進行下一步交易。若你還**繼續持股**，等到股價跌破50美元，你就會感覺更糟糕。不管你在何時犯下這種錯誤，你都只能任憑市場宰割。

當一切都照規矩計畫行事，你的自信就像一把牢靠的扳手。如果我買進一個部位，而且確定我只在兩種價位——獲利了結價及停損出場價——賣出。這樣才是正確地運用我的自信，將它變成為我內在交易系統中的一個有用的部分。

的確，我發現將自信用在事先決定出場價格水準才是正確的地方。舉例來說，即使我在這筆交易停損出場，至少我可以確定出場的時機是正確的。因為接下來股價的走勢可能對我更不利，而我現在已經平安抽身，而且可以在更低的價位再進場，當然要依照接下來實際的股價走勢分析而定。

若股價走勢呈現一個明顯的型態，而我的交易系統也指出它是進場的好時機，而此刻我的自信心激昂，但卻不是愚蠢莽撞。雖然我永遠不可能完全地確定我能賺賠多少錢，但至少有個大概的數字，因為我有事先設定的獲利及停損出場價。

總之，過度自信只有在你的自信工具失靈、無法正常使用

時才會出現。它會迫使你追求低買高賣。除了小心謹慎之外，你也必須熟知這支股票的走勢才行，你必須像永遠記得自己最喜愛的歌曲歌詞般地瞭解及熟記它才行。

你必須對它的走勢及節奏瞭若指掌，若你在還沒有充分摸透它的習性之前，就下場交易，這也是過度自信的另一種表現。

分析這些股票每日及每分鐘波動的幅度，記錄它們波動的速度快慢，以及它們如何及何時在趨勢中拉回及反彈等資料。你必須先在心裡模擬幾筆交易，等到它的波動和你心跳的節奏達成一致時，你才可以開始規劃你的進場及出場點。

必須要完全熟悉這些股票，你才能有自信地進行交易，而且要謹慎地嚴格遵守你的規劃。不願花時間去瞭解這些股票的走勢波動，同時在交易中隨意更動設定的出場價，這就是帶著過度自信進場交易的行為。如果你還是個初學者，注意啊！這將是個非常危險的陷阱。只有經驗非常老練的交易員，才能這麼做，而且他也可能會因此後悔。

若你認為自己的交易技巧已經不輸給專業的交易員，那麼你非常可能是中了過度自信的毒，而且也非常可能會輸得只剩下一條內褲。堅持你的計畫，每一次都要！要理性地確定一切，千萬別莽撞。若你天生是個冒險家，或者是個冒失鬼，你很快地就會嚐盡苦頭。

當沖心法

- 自信是一項情緒型的工具，你必須為牠佩帶韁繩才能駕馭牠、控制牠。

- 千萬別在沒有事先設定出場價的情況下進場交易。

- 事先設定好出場價，無論如何都要遵守。

第四章

化焦躁不安為沈靜專注

　　當沖交易的表現好壞完全由你的耐心決定。如果你缺乏這
項美德，不管你在技巧應用上受過多麼優秀的訓練，或者有多
麼高超的交易技巧，你都將遇上大麻煩。

　　不耐煩是一種反覆出現的威脅。在你還未成為專業的當沖
交易員之前，不管你下定多少決心要保持冷靜，你總是偶爾會
感到焦躁不安。你必須獵捕你的莽撞及衝動，打昏牠，將牠與
貪欲綁在一起。

　　不管你已經從事交易多少年，或者是只有幾天，最重要的
就是你自律的程度。在仔細思考之後，我終於瞭解到：耐心也
是一項情緒性的工具，實際上它有兩種，一種是初學者的耐
心，一種是專家級的耐心。

　　初學者需要耐心是顯而易見的，雖然有點困難，不管男
女，都跟持久力及恆心有關，就像一位下定決心要節食瘦身的
胖子，試圖採用嚴格的飲食規定。

　　而業餘的當沖族缺乏耐心，讓我想起某些節食者想採取一些愚蠢的捷徑，他們可能採取抽脂或胃縮減等整型手術來減重，但是他們有從中學習到如何能一直維持苗條健康的身材嗎？

　　對於那些手術減重的人來說，如果他們沒有學習到成功節食的方法，之後還是有可能會暴飲暴食，而那些利用真空抽脂機抽走的脂肪過不了多久又會回到它原來屯積的地方。

　　要克服肥胖，最重要的就是瞭解潛在的個人肥胖因素。第一，究竟是什麼原因造成飲食過量？要知道這些原因，需要很多的自我探索，而自我探索需要耐心才能成功。對於肥胖的人來說，要堅持自我反省及改變飲食的承諾並不容易，即使對一般人來說也並不容易。這裡沒有任何的終南捷徑，只有堅持長時間的完全改造才能成功。

　　在當沖這一行，你若想持續獲利，你就必須像節食瘦身者一樣，持續不間斷地自我警惕，你必須培養出那樣的耐心才會成功。

　　就如我在第三章裡曾經提過的，首先你必須發展出一套謹慎的交易風格，以及永遠堅守它的紀律。而耐心就是將這些通通結合在一起的黏膠。我們不可能在一夜之間就培養出耐心，你也不可能只是因為參加某項研討會，在步出會場時就「耐心充滿」。那是一段像你這樣的初學者必須通過每天好幾筆成功的當沖交易，慢慢地學習痛苦經歷的過程。

它就好像嬰兒學步般……，但是誰想走得那麼慢呢？不過，我得說聲抱歉，那是必經的過程。別把身上的襯衫都輸掉了，深呼吸一下，慢慢地從一數到十。耐心。

多數的初學者枯坐在螢幕前，等待市場觸及他們設定的出場價，有時甚至等上好幾天。那可不是耐性，那是著迷、偏執，把這項美德與嚴重的錯誤——**持股太久**給搞混了，這肯定不是當日沖銷啊！迅速攫取利益與沒耐性並不是完全對立的。

特別是對於年輕、沒有經驗的當沖族來說，耐性是要學習控制一個人焦躁不安的情緒，要能忍受各種當沖過程中困難的處境，為了要達成培養耐心的目的，必須專心致志積極地進行交易。

為了要幫助你培養耐心，關鍵是要找到適合你自己的方法，你可以至少嘗試二十種不同的方法，找到最適合自己的方法。有些人是每天只交易少數幾支股票，結果可以讓他們的心思略為平靜，也有人是每天只交易一支股票，效果最好。重點是初學者必須為自己找到一個最能提升容忍力的方法，即使當你陷落在某筆交易的漩渦之中。

即使你已經找到舒適的交易方式，仍必須與自己對抗。我想不起來有哪一筆交易不需要我全神貫注的，即使我的手風正順，能夠迅速獲利；不過那也是我事前布局規劃好進場價及出場價所致。而我很多差勁的交易則是完全相反的情況，我等不及就急著進場，或提前、過晚退場。

　　我或許擁有一套優異的圖型判讀系統，而且有足夠的銀彈支援。雖然它們都能提高我成功選對盤中高點及低點的機會，但是其中最重要的一點就是，我之前曾經提過的，我對自己這套系統的信賴。一旦我決定要在哪個價位進場或出場，接下來的關鍵就是嚴守這項計畫，此刻就必須仰賴耐心這項美德。我知道我很囉嗦，但是恪遵原定計畫就是如此難以貫徹，所以我不惜再次叮嚀。

　　有時候，等待市場觸及目標必須等上好幾分鐘，但是這樣的等待是成功的必備條件。如果等待過程中的無聊及厭煩讓我偏離原先設定的價位水準，那我的交易功力就退步了，因為我犯了初學者最容易犯的錯誤。就像恐懼與貪欲猛虎出柙一般，我只是憑藉著我的情緒在進行交易。俗話說得好，寧靜才能致遠，不受情緒干擾，才能慎思明辨。

　　當沖客必須學習做到。

等待最難熬

　　湯姆佩第與傷心人樂團有一首搖滾經典名曲〈等待最難熬〉（The Waiting Is the Hardest Part）。歌曲的和弦節奏及佩第的動人歌聲令你不禁心神盪漾。他們訴說著你在焦躁不安、鬱悶難解時的心情，讓你緊張得整個胃都揪在一起。當你聽到這首歌，才知道有人也心有戚戚焉，能夠將這種百無聊賴的心情

寫成歌曲。

等待市場觸及設定價位的這種心情實在是難以用言語來形容，尤其是市場走勢呈現橫向整理的日子裡，更是特別難熬，但這是有辦法解決的。舉例來說，如果你等待進場或出場的時間超過十分鐘的話，那很可能是你當天挑錯股票來進行交易。第十四章「如何簡化選股程序」會針對這個問題提出建議。

在此我要重申當沖心法第一條：每次只以一百股做為交易的單位，你或許覺得我已經重複這句話幾十遍，但是千萬別忘記：以百股做為交易單位並不代表你的交易技巧不如專家。

不耐煩經常造成業餘當沖族開始進行危險的大筆交易。沒有耐心會讓你想追逐不切實際的利潤，你原本就應該追求每次微薄的利潤。你唯一的目標應該是追求持續的獲利。

當你每筆交易都以百股為單位，每筆交易所賺的利潤幾乎不太可能超過50美元，但你可以由此建立持續的獲利。多數股價在45美元到85美元之間的股票，每五分鐘大約就有25美分的波動區間。在這些每日的盤中波動裡，你可以很簡單就撈到每股25美分到50美分的利潤。這些波動通常發生在十秒到十分鐘之內，當然還是要看你買進的是哪一支股票。

假設你有一支50美元的股票，每日平均成交量約為五百萬股，波動區間紀錄也符合每五分鐘25美分，而且它終日在這樣的區間內來回震盪。這就是一支可以賺錢的好股票。試想每筆交易以百股為基礎，且每五分鐘就可以賺到25美元，一

整天下來的獲利情況不容小覷。（參見圖4.1）

在九點四十五分時，股價是58.75美元，到了十點二十五分，股價又回到58.75美元。從表面上來看，這支股票正在進行箱型整理，但是仔細瞧一下，你可以25美分為區間來操作多空，只要你有點耐心，獲利就會源源不絕。

如果這支股票整天在五分鐘內上下波動25美分，你就可以完成很多筆交易。一整天的交易時間，盤前及盤後交易不計，有七十八個五分鐘時段。若你能做足七十八筆交易，等於一天平均能賺進1,950美元（25×78）。

圖4.1　5分鐘走勢圖

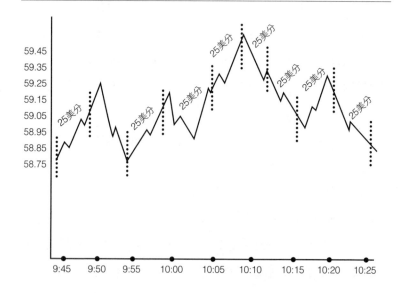

這樣賺錢真不賴！

（若你是在一家以交易次數來計算手續費的券商開戶交易，而不是在以交易股數來計算手續費的券商開戶交易的話，雖然你還是必須以百股做為交易單位，但其中的差異是你在**盤中持股**的時間應該拉長，這樣你才付得起累次交易的驚人手續費。我知道這聽起來似乎和我平常所說的不要**持股過久**有點衝突。第十七章「挑選合適券商」會特別解釋這其中的矛盾之處。）

每當你對走勢的來回波動或等待感到厭煩，試想那些長期投資的投資人需要怎樣的鋼鐵般意志。他們等待的時間長達數月，而不是幾分鐘而已。重點在於，不管你是避險基金經理人或者是當沖族──沒有耐性都是極度危險的事，而且是絕對要不得的事。

想像一下，若你是大一新生，能否在第一學期結束後就要求拿到畢業證書。這就好像你現在只是個剛入門的當沖族，而你卻期望馬上就能賺大錢一樣，都是不切實際的期望。

耐心、耐心、耐心。雖然當沖教育訓練課或名人介紹講習會可能都曾強烈暗示，你可以每週持續賺進5,000美元，但事實上這幾乎是不太可能。更接近事實的真相是，你可能要輸光好幾次、顏面掃地之後，才有可能慢慢扭轉局勢。到那個時候，你會懂得尊重市場。你會學習瞭解每筆對你不利的交易，你也會慢慢瞭解自己是在哪裡犯錯。

當我還是個菜鳥的時候，我遇到很多困難，對自己的計畫沒有信心，自然也就很難堅持一貫的做法。我在進行每筆交易時，情緒激動地難以自持。經常變更選股方法，不斷地嘗試新的線型解讀策略。我沒有一套堅持的交易系統，完全陷入一團混亂。

我變得狂野不耐，而且暴躁易怒。

然後我開始嘗試很容易變成壁紙的仙股（沒錯，就是壁紙）。我也開始嘗試大筆交易，將自己暴露在風險及不確定之中——交易的股數愈多，損虧就愈大。我留在券商戶頭裡的錢變得愈來愈少，讓我幾乎喘不過氣來。我感覺自己快被犯下的錯誤及緊張的神經給勒斃窒息。我必須放慢腳步。我急切地想知道如何才能維持一貫的交易方式而且獲利，但是我太急躁了，完全學不會。

根據我和幾位經驗老到的專家談過的心得，似乎很多的當沖族都曾經歷過這個階段。如果你在交易上虧錢，連自信及對市場熱切的興趣也都輸掉的話，那你就是被沒耐性所束縛住。

下定決心繼續學習

有一天，我終於接受自己是個彆腳當沖族的事實，我也知道我想要學習更多的東西。這才是真正的開始。華爾街股市把我整得遍體鱗傷，連膽汁都吐了出來，但我還是得重新站起

來，抹去嘴角的血跡及灰塵。我終於認清自己並不如我原先想得那麼厲害。我瞭解到我所受的教育及訓練根本還不夠，還欠缺些什麼，而且知道那是自己的錯。

做為一個初學者，我開始瞭解到我必須學會如何策略性地對付我沒有耐性的這個缺點。例如，我注意到每當我停損出場之後，天殺的股價就馬上給我走揚，這種感覺就像當面挨了一巴掌。我感覺股市是在刻意坑殺我，我敢打賭一定是有個傢伙盯著我的動作，故意跟我唱反調，戲弄我。[1]

我終於戰勝這種陰謀論的妄想，除了上一段提到的情況之外，我開始停止責怪別人，試圖嘗試新方法。雖沒有將選股方式或圖形判讀方法全面翻新，我改採風險控管的方法，我試著把每筆交易的股數減少。雖然每筆交易所賺的錢也減少，但也使得我像嬰兒學步般緩步向前的意願慢慢地重新建立起來。

多數的初學者都是責怪市場，而不願檢討自己。他們抗議、抱怨「這是個大騙局！」但是他們可曾仔細想想，檢討自己的壞習慣，從自己的錯誤裡學到教訓嗎？我想答案是否定的。

他們或許只需像我一樣放慢腳步，不再毛躁，保持耐心。錢就會自動靠過來讓你賺。股市並不是吃角子老虎的機器，你

---

[1] 註：如果你交易的是某些股票，這確實是可能發生的，請參見第十四章「如何簡化選股程序」。

不能老是拉著把手，期待硬幣掉下來。

在你能夠持續以當沖每日獲利，至少持續三個月之後，你才成功地脫離業餘玩家的階級。若你能夠每天至少成功完成十筆交易，而且從不**持股**過夜，接下來你就逼近專業當沖交易員的水準。

接下來當你忙著交易時，你根本沒有時間來感覺煩躁，你的專業級耐心也會跟著進化。事實上，我發現我做的交易愈多，我所需要等待的時間也愈短，這也減輕我出現煩躁心情的風險。

但是當我還是個業餘的當沖族時，我有時枯坐整天，等著想一口氣買進某支股票五千股，我必須先確定進場的價位是正確的選擇，但是隨之而來的壓力也相當大。

為什麼多數的業餘當沖族會這麼做呢？或許因為他們被自己笨拙的交易手法搞得心神不寧，而且他們急著想撈回他們之前虧損的資本。但重點是他們已經不再是在做交易，而是在賭博。

若你發現自己是以這種方式交易的話，就請先離開一下座位。

試著讀讀這本書來培養耐心。

從我的錯誤裡學到教訓。

每天執行一百次以上的交易需要專業級的耐心。整天彎腰繃緊肩頸，同時間進行多筆交易，需要像一位專業的飛靶射擊

選手般的專注及準確。他必須快速地決定瞄準射擊哪一個飛靶，而且是毫不間斷地維持練習好幾個小時。

若他錯失一兩個目標，也不會覺得煩心。他維持專注及自信，瞄準後立即扣下扳機，而且相當準確，沒有太多的時間思考。整天下來，維持相當高的命中率，即使他一開始起步有點落後。

這樣的技巧不是一夜速成的，不管是飛靶選手或當沖客都一樣。

大多數同時進行的交易都不超過一百股，所以我們傾向於整天進行交易，而且通常超過一百筆。

為了要鎖住小額利潤，整天慢慢累積，需要相當嚴格的自律精神。專業級的當沖客每筆交易的平均獲利是在15到25美元之間。但是你想清楚：15或25美元乘以100，這完全值得你耐著性子來賺。

何時才能知道自己已經達到專業級的耐心？當你的心思與股票價格的波動節奏融為一體的時候，耐心這項美德的效果就十分明顯。你就像飛靶選手一樣只需要不到一秒的時間就能瞄準目標，而股價的波動就像快速移動的飛靶會上升下降。你的走勢圖會清楚地顯示何時該進場出場。你的耐心就像是一把無形的工具，能夠讓你等到完美的時刻來下達指令，因為你已經達到超乎尋常的專注。

　　然而對於功夫還不到家的當沖族來說，耐心就幾乎等於是絕不放棄的同義詞。它是將壞習慣磨練成好習慣的過程，最後幫助你持續獲利，就像真正的節食者最後終究能成功瘦身一樣。

　　對於成功專業的當沖客來說，耐心已經內化成為一項心靈的技能，他信任他的系統，就跟技藝高超的飛靶射手一樣，他的準確性是透過不斷的練習來提升的。

當沖心法

- 當你感覺失控或不耐的時候，千萬別做出選擇進出場價格的決定。

- 挑選每五分鐘內波動幅度至少有25美分的個股做為交易標的。

- 每筆交易的股數千萬不要超過一百股，除非你的交易技巧已臻化境。

- 千萬別期待一開始就賺大錢。

- 讀完這本書再開始或重新進行當沖交易。

第五章

休息，是為了走更遠的路

　　如果我的口袋裡有多餘的錢，我會暫時停止當沖交易，為大家買些酒來歡聚一下。但是在我剛踏入當沖這一行的時候，我只有在輸光的時候才會休息，因為我需要時間來籌集再度進場的資本。

　　這種行為模式是典型的新手常見模式，而這種模式是可悲的。

　　而我暫停交易的時間長短完全要視我的財務狀況而定，這些暫停休息的結果卻總是一樣。我不斷地重回競技場，但每次卻還是被打成重傷被人抬出來。

　　我當時還不曉得暫停休息是為了調整態度，也是強化策略的時機，而不只是悲哀地試圖再籌集賭資重回賭場。

　　我感覺就像個著迷的賭徒，當時我在很多方面確實也是個失去理智的賭徒。漸漸地在暫停休息的過程中，我學習領悟到一些新的事物。這些停止交易的時間讓我有機會進行心靈探

索，我也慢慢地認清自己的缺點。

那是我開始寫我的第一本書，大約在我開始從事當沖交易一年多之後，剛剛輸掉我的第一棟房子。二○○○年網路泡沫引起的經濟衰退讓我損失慘重，迫使我不得不放棄我在加州美麗的房子。如果你還記得的話，那是我參加在爾灣舉辦的當沖研討會之前買給我未婚妻的房子。

你可以想像得到，這種犧牲是當沖生涯中最難熬的一段時光。

這個寫作計畫是個自我療癒的過程，一種重新確定某些好策略的方法，然而寫到最後，我發現我從頭錯到底：它是一本教人在網路券商開戶，如何判斷基本的股市技術線型，以及如何檢視股票的基本面等的內容。但這根本不是我想出版的內容。

我遺漏的卻是真正殘酷的真相，當時我還未真正地面對這些真相。我所知道的只是如何買賣股票而已，我還不知道買賣股票只是當沖交易內涵的百分之一而已。

我也看到幾乎任何人都可以上網，在很短的時間內學會如何買賣股票，但是要能持續獲利，那就完全是另一回事。

我當時滿懷熱誠，急切地想要學會當日沖銷。後來發現我的問題是過於狂熱。由於我過於急切的心情及躁動的行為讓我昧於事實的真相。事實的真相是股市就像一條兇殘、飢餓的鯊魚，見人就咬，才不管眼前的對象是誰。

　　當日沖銷有點像賽車，都是會讓人緊張得分泌腎上腺素的活動，需要大量的休息。當沖客就像美國房車競速賽的選手，必須知道如何在五百英里的房車競速比賽中，人車平安地贏得勝利。不管是下場賽車或交易前都需要充分的準備，休息時間所做的一切會直接影響你們在場上的表現，不管你們何時上場。

　　在我賠掉第一棟房子之後，我終於有機會第一次長期休假，我開始瞭解當沖不只是解讀技術線型及預測基本面而已。若真的那麼簡單的話，全世界的大學都可以開班授課，甚至成立專門的學系。

　　千萬別誤會我的意思，暫時休息並不是要你完全拋開股市去放鬆休息，我的建議完全相反。在你暫停交易的這段時間，反而要非常積極地關切股市的變化。

　　我雖然在休息的時候不進場交易，卻會持續地留意市場。我研究股價波動與新聞及經濟數據發布的關聯性。即使不坐在交易席上，反而變得比之前更積極。

　　我的休息時間變成固定時間的公休。我的暫時離開成為重整旗鼓的機會，也成為療傷止痛的時間，它們成為我沈潛的臨時避難所，我在這裡檢討當沖交易所犯的過錯，同時找出強化交易技巧的方法。

　　在過去，我經常把自己的過錯怪罪到市場的頭上。以安隆（Enron）倒閉案為例，這是我虧損得最嚴重的一筆交易，在

二〇〇一年十一月底左右，我買進八萬股的安隆，在跌到只剩1美元的時候買進，而很多華爾街大型券商的交易員也跟我做一樣的動作，但是當公司隱藏巨額虧損的消息在次日爆發後，股價一路暴跌至30美分以下。

我在迅雷不及掩耳的時間內，一下子就賠掉55,000美元，因為我還是入門漢。

在這個惡名昭彰的歷史案件中，很容易怪罪於市場。但是事實是我自己搞砸的。事情的真相是這樣的，在我休息的時候，我做了一點研究，我發現在安隆案子裡賠錢的大多是個別的投資客，以及倒楣的安隆員工，因為他們的退休投資計畫裡有不少公司的股票。

股價暴跌的原因是，和我在前一天以1美元大量買進的華爾街券商交易員知道，當安隆的股價跌至90美分時應該立即出脫，這使得下跌的力道難以抵擋。接下來幾天發生的事情，對我來說是一場災難。對於熟悉華爾街做法的當沖客來說，就跟平常的日子沒兩樣。我一度以為自己比華爾街那些大型券商自營部的交易員更聰明，當他們開始拋售時，我還**抱著**這些股票，完全是過度自信的表現。我相信股價一定會反彈。

嗯哼～我現在清楚了。基本上，根本沒有什麼陰謀。若你在某筆交易上賠錢，只是你沒有看清市場的訊號而已。

華爾街券商的交易員看得懂訊號，他們在安隆1美元的時候買進，在90美分的時候賣出。而我剛好相反，**抱著**這些股

票墜落災難的深淵。

我的錯！我的錯！！都是我的錯！！！

在休息的時間裡，我回顧這段過程，我為華爾街交易員為何願意在90美分時認賠賣出感到困惑、痛苦。我發現華爾街券商自營部交易員賴以維生的基本策略。我在這裡簡單地說：他們是風險控管的大師。我會在接下來的第六章「風險控管的重要性」詳細闡明。另外，他們每天手上握有幾十億美元的現金來進行投資。這也是為什麼你會在每日盤中走勢圖裡看見劇烈的波動。

對於個別的當沖客來說，就是要學習如何跟著華爾街的腳步趁機撈點油水，而不被他們巨鱷般的尾巴掃到。再怎麼強調這一點也不為過。當你從當沖交易退下來休息的時候，你仍必須時時留神關注你平常交易的股票。光是整天看著股價如何波動，你就可以從中學習到很多。

但這不是說當你重新進場積極交易時，你就已經準備好可以與華爾街的狼群共舞，但是時時留意是個開始。

若你認為自己可以完全脫離、不理會市場的存在，等到你的傷口結痂，不再疼痛就可以重返市場；若你在離開的時間裡，沒有學到任何教訓的話，等於是準備讓自己跌一個更慘痛的大跤，完全是重蹈覆轍。

讓我們「暫停休息」這件事的根本問題，例如何時及為何你應該離開？以及最重要的問題，在你離開的這段時間，你應

該做些什麼？

我從何時應該離開這個問題開始。

當你的信心低落時，請暫時離開座位

當你完全喪失信心時，請離開座位，暫時休息一下。因為當你沒有足夠的把握，你的交易等於已經完蛋，而你會發現自己的行動過於情緒化。

若你已經有動手拍打電腦螢幕的舉動時，一定要馬上離開進行休息。若你的壓力大到會向別人訴苦時，即使是你心愛的人，你此刻肯定需要暫停休息。

即使你的秉性沈靜，也有別的指標可以顯示你需要休息。如果你發現自己不斷地更換交易策略，特別是在盤中更換策略時，你也需要立刻搞清楚自己是否因畏懼而猶疑，這也是必須停止的時刻。

同樣地，若你交易時只想著如何賺回昨天的虧損，你也同樣受迫於極深的絕望，就應該暫停休息。

這也算是好消息，因為你多數的問題是來自心理層面，而且是可以修補的。

接下來，我要談談你為何要離開座位，出去走走。

因為你的方法行不通，才需要暫時休息

暫時休息的主要原因是你目前的交易系統行不通。你需要先退出，重整士氣。在當沖交易裡，暫時離開絕不是個輸家或懶鬼的行為，也不是任何失格或不適當的表徵。相反地，它是當沖交易過程的一部分。每個人每天至少都得休息一次，而且它是絕對有必要的。你哪有辦法應付持續學習當沖所遭遇的壓力及陷阱，而不偶爾停下腳步來衡量你的表現。

每個人在當沖交易都會犯錯，即使是華爾街的專家。而他們犯錯的代價可能是幾百萬美元，所以他們也和業餘的當沖族一樣，偶爾也會離開座位休息一下。

暫停就像你還是小孩的時候，父母叫你不要揮棒打擊。他們明智地勸告：「你只要保持冷靜，就可以得到保送。」

暫停幫助你卸除壓力，你激動的情緒也會漸漸平息，你可以在放鬆的心情下享受片刻的悠閒。當緊張的情緒不再控制你的思緒，此刻你才能恢復理智，聰明地解決你的問題。

好吧！讓我們進行到：休息時，該做什麼？

休息時，該做什麼？

你在休息的時候該做什麼？第一件事是重建你的自信。常常是過度自信讓你陷入這樣的麻煩。而現在你已經轉了一百八

十度：你賠掉那麼多的錢，把心門完全鎖上，害怕地躲在裡面。

你需要做的第一件事就是抖落你的錯誤，將它們視為是可以克服的障礙，絕對不能看成是退出的指標。

當你讀到這一章談暫停、停止交易、休息等，你可能會在心裡對我說：嘿！老兄你等等！這實在太瘋狂了，我不能什麼都不做，像個廢人躺下來休息嗎？或者乾脆把我送進療養院吧！

這個傢伙認為我是什麼樣的人？那些衣食無虞的基金經理人嗎？每天都有付不完的帳單啊！

相信我，我瞭解。若我沒有考慮到要付的帳單及餵飽肚子的需要，我可能也會毫不留情地破口大罵，我們用自己的錢來進行當沖交易，為的就是要賺更多的錢，我們的確需要更多的錢！所以我知道要下一個暫時停止交易賺錢的決定有多困難。

但是，結果是這樣的。在每次休息充電（通常為期一至兩週）之後，我帶著更好的心態重新進場，我的交易表現也變得更好。此刻我瞭解到，有一段沒有收入的，有意短暫休息的時間，總比持續虧錢地交易下去更好。我瞭解到我應該將暫停休息包含在成功交易的過程裡。

接下來是如何度過這段暫停交易的時間。

第一點，你應該隨時提醒自己是個初學者，承認自己還有很多要學習。至於你能多快地脫離菜鳥的階段，就要看你完成

交易的頻率。若你每天只執行一筆交易，那就還稱不上是個專家。你應該每天至少完成十筆交易，這樣才能有足夠的樣本，讓你在休息時進行有意義的數據分析，衡量你的表現。

交易的頻率是你成功的關鍵。若你每天只做一筆成功賺錢的交易，那很不錯，但是長期來說，你有辦法靠此生活下去嗎？你靠每天一筆交易賺大錢，只有以下兩種可能，一是你一次買進大量的股票，或者是你極度的幸運，因為股價一整天都直線上衝，而你**一直持有**收盤前才脫手。

只有好運才能讓股價這樣上漲。

過度曝險是另一種危險的交易方式，那就像第七章「過度曝險造成傷害」談的，一次以一千股以上進行當沖交易。一言以蔽之，華爾街多數的當沖交易員也是一次買進一百股。看一下即時買賣盤報價表格，就可以即時目睹實際的交易。即時買賣盤報價表格顯示任何一支股票即時不斷的買賣盤報價資訊，這增加市場交易的透明度：你可以看見交易就在眼前執行。

圖5.1就是一個實際的即時報價表格。

表格中數量欄（Qty）顯示即時的交易指令，多數都是一百股（如圖中箭頭所指之處）。你很少會看到超過五百股的交易指令。多數執行的指令都是根據當時買賣報價最多的交易。

當你能夠持續頻繁地進行交易，大致上就進展得不錯。一旦你的交易無法維持一貫的步調時，就應該暫停休息一下。告訴自己休息一下是正常的，別讓你的自尊心告訴你：這是不正

圖5.1　即時報價表格

Bank of America CP					
Enter Symbol	**BAC**				

HI	32.80	CHG			−2,28
LOW	30.50	CHG%			6.91%
LAST	30.68	VOL		69,911,280	

Qty	MM	Price	Qty	MM	Price
100	ISLD	30.67	100	ISLD	30.68
200	ISLD	30.66	100	ISLD	30.69
100	ARCA	30.65	100	ARCA	30.70
100	ARCA	30.64	200	ARCA	30.71
400	ISLD	30.63	400	ISLD	30.72
100	EDGX	30.62	100	EDGX	30.73
200	BATS	30.61	300	BATS	30.74
100	ISLD	30.60	200	ISLD	30.75
100	BTRD	30.59	400	BTRD	30.76
200	ARCA	30.58	100	ARCA	30.77

常的。沒有人能夠在這一行一夜致富，因為它需要很多的技巧。

　　第二點，有一個良好的預算規劃，或者找一個兼職的工作。第八章「預先做好財務規劃」會提到一些建議，讓你好好地度過這些休息的時間。

　　這樣的計畫及預算規劃必須將本書宗旨：「自律」融入其

中，慢慢地培養它，擁有它及運用它。這就是你驅使自己工作，將在職訓練及暫停休息發揮到最大的功效。在學習成為專業當沖客的同時，堅持保有原來白天或晚上的工作，所以你在必要時一定得暫時休息。

即使你很有錢，不必出門工作，只是在每次虧大錢之後，再把現金轉入你的交易帳戶，當你的收益每下愈況的時候，你就需要暫時收手。我有幾位家境富裕的朋友都只是因為過度自信而賠掉相當嚇人的金額，而他們也從來不曾仔細思考自己錯在哪裡，以及如何改善。

不管貧富、老手或生手，都必須確定你偶爾會暫停休息。

利用這些時間來研究股票，仔細檢驗你做過的每筆交易。找出自己的優缺點，查明主要的問題癥結。

舉例來說，你虧錢的交易是否都有向下攤平的動作？或者你虧錢最多的交易都是**持股**過夜所致？不管你發現什麼，專心找出問題。接下來，就可以像在白天一樣看得一清二楚，停止再犯同樣的錯誤。

嗯！這樣就對了。

我忍不住咯咯地笑起來。我知道這不是件簡單的事。在我剛開始從事當沖交易的前幾年，我知道自己必須停止**持股**過夜這種行為，卻還是常常忍不住。這是因為在交易時間結束前，股價還未觸及設定的目標。我想得到明天的下一個機會，因此**持股過夜**。

這是業餘當沖族經常犯的錯誤，更別提它的策略錯誤得一塌糊塗。大多數人偶爾會犯這種毛病。若你是位剛入門的當沖族，我幾乎敢保證，無論我如何地向你提出警告，你還是偶爾會犯下這種錯誤，而且像我們一樣都必須透過血淋淋的慘痛教訓來學習。

這也是為什麼偶爾你必須退出市場來反省問題。在任何時候，我們發現自己出現某種錯誤的型態時，就應該暫時離開一下。

我將這種「錯誤型態」的時間長度設定為一整週的交易時間。若你連續五天進行整天的當沖交易，每天結算下來都是賠錢的話，你肯定需要休息，好好檢討一番，千萬別想下週馬上挽回局面。這種心態會讓你以月為單位來評估自己的表現，這種評估的時間間隔太久。

從技術面來說，你的休息時間是在每天交易結束後的傍晚，這是檢討每天交易紀錄及為交易規劃的時間，你應該每天評估自己的交易表現。

是的，我們需要做家庭作業。

然而，我並不是建議你在某一天惡劣的交易之後就暫停交易、休息檢討，但若連續五天一整週的交易都是赤字的話，那你應該在接下來的一週暫停交易。待在場邊，重新思考，修正你的交易風格及作為。

　　當日沖銷是一種永不止息的學習過程。在你重新回到市場的時候，即使有別的事情阻止你獲利，也別氣餒。

　　不是每個人都天生適合這種高壓職業。你或許喜歡股市，享受買賣股票的樂趣，但這並不能讓你成為一個成功的當沖客。若你愈挫愈勇，持續提升自己，你會知道什麼是真正的當沖客，當沖是一個需要不斷地進化自己的過程。

當沖心法

- 千萬別只是為了籌集更多的資本而休息。

- 在每日交易結束後，衡量自己的表現。

- 記錄交易失利的原因。

- 當事情持續變得不順利的時候，停止交易，休息一下。

- 不進行交易的時候，仔細研究你犯的錯誤，做好重返市場的心理準備。

- 事前為不可避免的休息做好預算規劃。

第二部分 有關交易風險的真相

　　若以可能蒙受的財務損失來計算，當沖交易是高風險的職業。若一個人在進入當沖這個行業之前，不曾考慮過他可能會遭遇的風險，以及如何避免或減少損失，那就不配做個當沖族。

　　我在這個部分解釋主要的危險區域，也將提供一些能大幅降低損失的基本技巧。風險控管及事先做好預算規劃是防止掉落賭博陷阱的安全網，也是當沖族要極力走避的地雷區。這個部分的目標是帶領你們瞭解如何進行預算規劃，以及如何降低你的風險。

第六章

風險控管的重要性

你的交易技術水準愈高、技巧愈好，就愈能避免重大虧損的發生。具備這項重要技能後，每天交易幾乎都能賺錢。唯一關鍵的問題是究竟要如何才能達到這樣的境界？

在當沖這一行，總歸一句話：風險控管能力的優劣決定交易的成敗。而這需要一些教育訓練來輔助，你必須能敏捷地估算何時才應該進場以及該用多少錢來進場交易。

降低風險的主題這麼熱門，應該有好多本討論它的專書，甚至可以佔據一個模擬交易訓練課程的主要時間，但坊間幾乎所有當沖交易講習會都不曾如此做，對此我感到訝異。而我個人參加過的訓練課程或講習會雖然多少曾提及風險的角色，但我感覺它們都沒有教導初學者如何閃避風險的正確方法。

老實說，我對於親眼目睹這種不教而殺的行為感到厭惡。在這些主要的教育訓練機構，風險常常是拖到最後一天最後一個小時才匆匆帶過。

　　我也對一些老生常談式的提醒感到厭煩，「千萬別拿生活費來進行當沖交易。」

　　什麼？拜託哦！

　　這裡還有一句真的讓我惱火的警語，那就是瞭解你自己的財務能力，而且謹守界限。

　　那就像告訴一個正在蹣跚學步的嬰兒，叫他待在家裡，而不向他解釋為什麼；然後，在你打瞌睡的時候，卻敞著大門般地不負責。

　　同樣地，這些講師警告學員交易有風險，卻不教導他們如何實際降低風險的準則。他們只對付費上課的學員重複一些模糊不清的陳腔爛調，就把他們送上股市的戰場。他們唯一缺乏的就是如何運用這些保命警告的真正知識。

　　我認為這種行為根本是犯罪，我要糾亂反正。對於初學者來說，接下來的內容就是重點，我希望你謹記在心：在當沖交易裡，隨時都有可能讓你傾家蕩產，而你必須將降低風險的做法融入你的交易方式，它們必能提振你的交易信心。

　　以下六項是當沖交易無時無刻不存在的風險：

- 每筆交易動用資金多寡。
- 動用資金交易的時機。
- 過度曝險。
- 交易的股票或公司。

- 一天之內不同時間的交易風險。
- 賭博。

接下來，我將逐項說明這六項危險因素，以及如何降低或完全避免它們可能造成的損失。

每筆交易動用的資金多寡

要動用多少資金，何時動用，及為何動用等千絲萬縷糾纏不清的問題是所有投資策略的核心，我們期望能像個專家來解決這些問題。

但是，我們能做得到嗎？先讓我們來釐清這些疑慮。

即使是股票市場的專業人士——有財務金融博士學位的投資經理人，及手上握有幾百萬美元投資組合的避險基金經理人——他們也面臨同樣的風險，只不過他們有精明的應對策略。

那我們這些個體戶的小交易員要怎麼辦呢？有可能和他們一樣消息靈通嗎？

好消息是，我們面臨的挑戰並不如博士們面臨的如此可怕，難以克服，我們有幾項主要優勢。我們只需要注意我們自己的錢，而且可以決定一次專注在一筆金額不大的交易上。我們的錢通常只放在一個戶頭裡，且每天清算也很容易。我們幾乎絕不**持有部位**過夜，通常交易的部位很小（只在一千股以下）。

種種條件讓我們比那些專家輕鬆多了，我們只需要顧好自己的交易及帳戶裡的錢。

接下來你會問：「一次交易究竟應該要動用多少資金？」

視情況而定，為了回應你的問題，讓我先問你幾個問題：你的交易技巧水準如何？你交易那支股票的時間有多長？你每筆交易設定的獲利及停損門檻是多少？

如果你的答案顯示，你只是當沖族裡的業餘玩家，我要教你一條我從慘痛教訓得到的計算公式：每筆交易的股數應該相當於你能承擔得起的風險。

你對這條規則的反應可能是下述的情況：若我買的股票每五分鐘波動的幅度是50美分，而且我所能承受的最大虧損是500美元，所以我可以一次買進一千股來進行交易，對吧！

我可以馬上回答你的問題，而且聲音會愈來愈大。我會告訴你：從理論上看，或許是對的，但千萬別這麼做。讓我來告訴你，身為一個初學者，你還不具備能靈活閃避這種損失的技巧水準，這種損失很可能在一整天的交易裡，每五分鐘就發生一次，你承受得起嗎！

再次勸告你：每次只以一百股做為交易單位。

我在前面幾個章節裡，已經不知重複或強調這一點多少次了。我覺得無論強調多少次都不夠。一旦你確實遵守這條守則，你的風險就大大地降低。除此之外，你將會發現你的風險換算成實際的金額將有如清風拂面。舉例來說，若你想交易的

股票每股市價50美元，你所需要投資的金額只有5,000美元。不必勞神計算它究竟佔總資金的比例多少，以及可能的投資報酬或虧損率等等，以百股做交易不僅降低你的風險，也讓其他的計算變得沒有必要。若你手頭的資金不足5,000美元，那就找一支股價較低的股票。

下一個問題可能是：我該在何時進場交易？

動用資金交易的時機

何時進場這個問題有點複雜。假設你有足夠的資金同時進行二十筆百股的交易。當你戶頭裡的購買力有10萬美元時，這看起來一點也不難。這究竟代表著什麼？你應該一直以二十筆交易進行買賣嗎？絕對不是！你必須認清自己能力的極限。每位交易員對於風險的門檻及容忍度有所不同。

舉例來說，有些交易員一整天只交易一支股票，一天來回拋補上百次。其他人則是喜歡一天之內只交易幾支股票，每一支股票進行若干筆的交易。依照個人的喜好有所不同。

一旦你對自己正在交易的股票有一種心有靈犀的感覺時，很容易就會增加交易買賣的股數到兩百股，慢慢地增加到五百股。這要依照你的技巧水準，以及你到達這種水準的快慢而定，也是我建議你謹慎行事的原因。這是我將「瞭解自己是第一要務」安排在本書第一章的原因。在你增加交易風險之前，

先認清自己的技術水準是我最強調的一點。雖然我在第一章強調過，但我也不惜在此再次強調。

以當沖做為主要收入來源的當沖客都很清楚他每天平均需要賺進多少，以及他能承擔的虧損金額。雖然在這些私人自營的當沖客之間沒有準確的統計及計算，不過我敢打賭：限制每筆交易的曝險能消除交易中九成的風險。

因此我一再重申以百股做為交易單位的重要性。當你固執地（即使有點厭煩）堅持這項原則，或許你賺的金額不如預期，但肯定不會虧大錢。做為業餘的當沖族，這才是你應該做的。若你曝險的程度跟隨你的交易技巧逐步提升，那你肯定也不會虧錢。

過度曝險

有關過度曝險時，你可能遭遇到的各種災難，請耐心等到下一章「過度曝險造成傷害」，我將為你詳細一一說明。現在我只大概列舉一二，不過請注意我急切的語氣。

就像之前在討論情緒的問題所提到的，當你過度曝險時，是很容易察覺到的，因為你會感覺受到壓迫。或許你仍謹慎地以百股進行交易，但你感覺緊張不安。好吧！就讓我孤注一擲地猜一下！不安的原因是股價已經跌破你的停損出場價，但你仍**持股**坐在那裡，期望股價能夠回升。

這是一個初學者常犯的典型錯誤。我在這裡給你的建議很簡單：別再犯了！無論何時，當市場觸及你設定的停損價，立刻認賠殺出，繼續下一筆交易。它最多應該只會讓你損失25到50美元，而你可以在下一筆交易裡賺回來。千萬別忘記，你還有一整天的交易時間啊！

當然，這只是過度曝險的原因之一，其他的原因還包括：一開始就買進百股以上的部位，開始交易幾支不熟悉的股票，試圖在盤前或盤後時間進行交易。

任何時候，只要你感到窘迫不安，快要失去自制，多數的原因都是你過度曝險，為了降低風險，你應該在每一筆交易裡降低曝險的程度，千萬別忘記！

交易的股票或公司

多數人會認為股票交易最大的風險來自於發行股票的公司本身，不過做為當沖客的我們並不同意這樣的說法，因為我們並不會花心思來研究企業的獲利預估及分析等等。我們只需要知道交易當天公司有什麼消息爆發就夠了。

話是這麼說，還有一個要領要注意，這也是當沖交易的基本要點，那就是每支股票天生具備的風險水準也有不同，端視你選中交易的對象為何。舉例來說，若某支股票所屬的行業受政府法規的影響甚深，它可能在你交易時，股價暴跌。比方

說，國會可能通過一項規定嚴格的新法案，使得該行業的商品
價格大跌等。

當你考慮到這類的風險時，交易的股票標的最好具備下列
幾點特色：

- 很少會因法規的變更而影響公司產品，或者陷入反托拉斯
  訴訟（如微軟），以及美國食品藥物管理局對生物科技產
  品的裁定等。
- 不可能在短期內申請破產的公司，如安隆及世界通訊。
- 不可能因罷工影響公司營運的行業，如航空業。

一天之內不同時間的交易風險

這項因素的風險十分簡單明瞭，風險控管的方式也一樣。
盤前及盤後交易實在是太投機了，這些時段的震盪幅度很大，
但你沒有足夠的時間來觀察盤中走勢。

你是否注意到，九點半開盤到九點四十五分——盤初十五
分鐘的市場交易走勢既快速又狂亂，這裡的重點是千萬別在九
點四十五分之前進場交易，除非你的交易技巧已經相當高明。

另外，下午三點芝加哥的期貨及債券市場收盤後，股票市
場的成交量就會大增，這個時段的走勢也非常難以預測。你可
能整天都很熟悉你交易的股票走勢，但是一到下午三點突然間

什麼都變得不對勁。這是結束一天交易的好時機，至少要限制
交易的曝險部位。

在一天的某些時段裡，多數股票的走勢都一樣，尤其是成
交量最大的一些個股。降低交易時間風險的關鍵就是摸透你所
交易的個股，特別是每天的走勢。你交易的時間愈長，次數愈
多，就愈熟悉它的波動及節奏，你也就愈知道何時該脫身保
命。

賭博

我將在第十一章「賭博與當沖的差別」裡詳細說明逛賭場
及當日沖銷的區別。在這裡我就簡明扼要地大概說明一下：

若你原本有一套嚴謹的風險控管系統，但卻突然拋棄它，
我可以說你根本是在賭博。當你走上賭博這條路，你就無法採
取一些基本的策略來避險，它們依序是：

- 當股價走勢不利時，減少你下注的籌碼（曝險部位）。
- 事先決定你的獲利及停損點。
- 換股交易。
- 當股價上漲時，加碼買進。
- 盤中**一直持股**直到它拉回（只限於專家級的當沖客）。
- 向下攤平你的部位（同樣也只限於專家級的當沖客）。

當你把當沖交易變成賭博之後，等於是放任自己讓市場宰割，你就只能祈禱市場走勢反轉，那就等於像是在擲骰子一樣。你的計畫——如果還稱得上是計畫的話——是**一直持股**直到股價拉回，若沒有拉回，你就會有大麻煩。

若你願意冒這樣的風險，那根本不是在管理風險，而只是像個瘋子似地在進行交易，或者更準確的說法是像個倒霉運的賭徒在賭場裡胡亂下注而已。

簡單地說，風險控管可以磨練你的交易技巧。你經歷的風險次數愈多，你就愈能掌握自己對風險的容忍度，這也是為什麼低風險、低曝險的交易相當重要，你可以慢慢學會游泳而不致於滅頂。

不過它需要時間及耐性才能慢慢熟練，而做為一個初學者，降低風險的關鍵就是剛開始要小心謹慎地進行交易，別貪心。你終究會瞭解交易的風險本質，以及如何適當地應付。

專業級當沖客的終極目標就是如何能夠在高風險的環境中優游衝浪，而不被海中的鯊魚吞噬。這時候你就可以在股海中大撈大賺；但是現階段……，要有耐心。就像嬰兒學步般地謹慎，一步一步慢慢來。

當沖心法

- 即使是以極為熟悉的股票進行交易，交易的股數也千萬不能超過你所能承受的風險。

- 如果你還是個初學者，每筆交易只能以百股進行。

- 如果你在交易時感覺有壓力，馬上結清出場。

- 除非你的交易技巧已臻化境，否則千萬別在開盤十五分鐘內進場，也就是九點四十五分以前別進場。

- 在低風險的交易裡，慢慢學習磨練你對風險的容忍度。

- 千萬別在我們之前討論過的情況裡過度曝險。

第七章

過度曝險造成傷害

市場的曝險部位通常指的是你能承受得起的損失。當你出現意料之外的盈虧（即使賺錢也算）時，你就是曝險過度。過度曝險可能肇因於你一次買進過多的部位，或者對股票波動的幅度及節奏還不夠熟悉，另外你在不對的時間進場也會造成曝險過度，例如盤前及盤後交易，或者股票本身的不確定性相當高。

很少會有這種例子：交易員本身擁有相當多的財富，當他買的股票暴跌時，卻連眉頭也不皺一下——因為他沒有財務方面的顧慮，自然也就不會過度曝險。

如果你正在讀這本書，我敢拿性命來跟你打賭：你不是這樣的人。你我都不可能是電影裡拿鈔票出來當菸抽的大亨，我們跟多數的人一樣，都得努力賺錢糊口，而要培養出像他們這種對金錢輕視的態度，不如拿磚塊砸死我們算了。有些當沖族習慣在一天的交易結束後才清算自己的盈餘，也有人迫不及待

地在每筆交易結束後就算得一清二楚，不管是哪一種方式，過度曝險都是我們在盤中交易時必須學習掌握的威脅。

假設你一整天都在交易某支特定的股票，而你也摸透它波動的節奏，一直以百股進行交易，當你突然決定以超過百股的部位進行交易，或者開始向下攤平時，此刻你就過度曝險了。這不只是財務方面過度曝險，你的心態也因為過度安逸而忘記走上歧路的危險，因為之前的成功讓你誤以為自己的功力已經提升到刀槍不入的水準。這種舉動特別容易發生在午餐過後，讓你偏離原來的交易方式，這不是你應該冒的風險，因為你的交易方式是根據你能夠承受且習慣的風險所構築的，也是你應該堅持的方式。

若你一整天都是進行百股的交易，然後你對它的股價震盪也感到習慣，熟知這樣的震盪會如何影響你的獲利及損失。只要你一增加曝險的部位，不管是增加股數或者改買股價更高的股票都會造成過度曝險。

我在本章一開頭就提到，當你在錯誤的時間買進部位可能會造成過度曝險。我個人認為錯誤的時機是折磨業餘當沖族最嚴重的陷阱。無論如何，時間會慢慢教育你。

時間與時機的分別

時間一詞在當日沖銷裡有好幾種不同的意義。

當我們把時間理解為經驗的累積，時間一久就能克服過度曝險。因為在你漸漸熟悉、試圖掌控交易的股數後，之前對你來說可能是可怕的地雷區，而今可能反而是安全的避風港。

但是在市場裡，時間還有另一層意義，就是一天內不同的時光。在一天不同的時點，你可能會經歷不同的風險。

我永遠無法忘記自己在盤前及盤後交易所蒙受的嚴重損失，以及當某些公司重大新聞即將公布之前，我卻在交易它的股票，這些都是我永生難忘的痛苦經驗。當然在盤前及盤後交易，以及一些重大消息公布前搶進有可能大撈一筆，這也是非常誘人的機會，難以抗拒，但也可能是讓你痛徹心扉，數夜輾轉難眠，而且可能會糾纏你一輩子的痛苦夢魘。

我並不是說你應該永遠不要嘗試盤前或盤後交易，或者你應該永遠不要趁機在相關新聞或重大消息公布時進場。你或許可以一下子就輕鬆賺進大把鈔票，但是請注意，你已經過度曝險，你正駛向怒海狂濤，而且你的舉動已經近似賭博。

若你執意一試，最起碼應該要藉由減少你買的部位來降低風險，此刻你應該只買進一百股，而不是一千股。這可以避免過度曝險，當你這麼做的時候，暴露在市場上的風險程度是你已經習慣及能夠承受的。

比方說，你知道當股價跌到某個水準時，將認賠停損出場，你的市場曝險是事先規劃好的，若股價真的走跌的話。

進場交易之前，一定要事先做好退場計畫。我知道很難遵

守，所以我想到一個方法，幫你把它刻在心裡，不用動手術刀啦。用一支彩虹顏色的簽字筆寫在一張海報紙上，然後把它貼在你的書桌右邊。

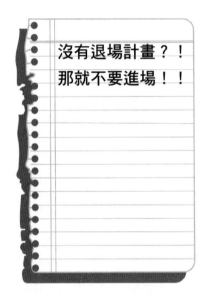

沒有退場計畫？！
那就不要進場！！

就像上圖這樣寫，然後為它申請專利，在市面上銷售，因為每一個交易員都需要，你或許可以因此致富。

不管你買的股票是漲是跌，都應該知道何時要賣掉。你所要知道的只是兩個特定的價位—— 一個是獲利了結的賣點，另一個是停損認賠的賣點。（參見圖7.1）

49.5及50美元是例子中你應該買進或賣出的價位（這沒有一定，端視你的部位是作多或放空）。圖7.1灰色的區域代表曝險過度。若你**持股**通過這些原先設定的價位，那你等於是沒

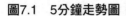

圖7.1　5分鐘走勢圖

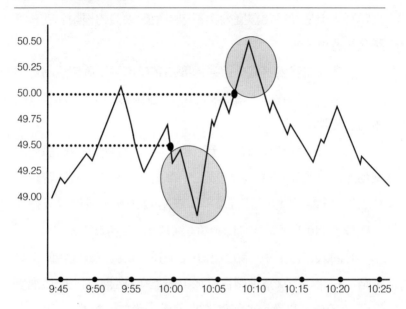

有帶著退場計畫在進行交易。這個練習幫你分辨當沖客與賭徒
的區別。

　　千萬別忘記，這兩個退場價代表著你的風險水準，只要市
價越過這兩個價位，你就過度曝險，而且是用你的錢在賭博。
即使它通過的是獲利了結的賣點，但你**仍持有部位**，一樣是過
度曝險。這代表著你會習慣於在過了獲利賣點仍**持股**，你等於
是在餵食你心中的貪婪，將自己陷於恐怖的心靈泥沼。只要你
釋放出心中的貪婪，就等於拋棄退場計畫在進行交易。

　　你需要習慣每筆交易只能賺賠一定數量的金錢，我必須一

再地強調這一點。我知道在漲勢中提前獲利了結聽起來似乎不太順耳，但是你只要經歷幾次不守規矩虧大錢的經驗，就會瞭解我的意思。

自我約束代表著避免遭遇過度暴露於市場不確定性的可怕後果。接下來是我個人懊悔的經驗，從中可以知道避免過度曝險的必要性。

有一次，我整天都在交易百事可樂，而且都是以百股進行交易，結果還算不錯。我完成三十筆拋補，有二十五筆賺錢，有五筆賠錢，盈虧合計每筆平均賺賠 12 美元，所以當天總計已經賺了 240 美元（25×12 = 300 減掉 5×12 = 60）。

時間大約是下午一點半，用完午餐，我決定改變我的交易策略。我開始一次買進兩百股，第一筆交易很順利，股價很快上漲 10 美分，我獲利了結賺了 20 美元，我持續買進兩百股。

但接下來走勢突然向下，很快地就下跌超過 10 美分，我根本來不及停損出場。我嚇壞了，整個人僵在那裡，無法動彈，等著它拉回，但卻一去不回頭，等到我回過神來，又跌了 50 美分，趕緊認賠殺出，結果它整整跌了 70 美分，我卻虧掉 140 美元。一整天的獲利在轉瞬間就損失超過一半，我垂頭喪氣癱坐在椅子上，對自己在午餐後改變交易方式感到愚蠢。

從這次的錯誤顯示，我還有很多待學習之處，即使我已不再只是個初學者，但我仍在與維持一貫的交易方式的問題搏鬥，而且我對過度曝險的影響還缺乏完全的瞭解。

　　帶著懊惱與失望，我檢討自己為何會將交易的股數增加到兩百股。我猜測可能是我已經賺到超過200美元，所以認為自己負擔得起20美元的損失，卻沒有預期到波動率的增加。我應該更留意，股市走勢永遠是波動的事實，當你的持股愈多，曝險也愈多，你所必須處理的波動風險也就愈大。

　　當天稍早，我差不多是在每三十秒就完成一筆交易。百事可樂每三十秒就有10美分的波動，換句話說，我每百股的交易在三十秒左右就有10美元的虧損或獲利，我漸漸習慣這種節奏，我不認為股數加倍會有多大的差別。

　　但是其中有兩點是嚴重的錯誤。第一點是當我把交易的股數由一百增加到兩百時，對股價的波動率可能加快毫無準備；第二點是我犯下自己已知的錯誤，讓自己的情緒取得控制權，我**抱著股票**讓它跌落今天慣常跌幅的兩倍。接著我完全崩潰了，任由市場蹂躪。

　　不過千萬別誤會，我不是建議你們絕對不能以兩百股來進行交易，我是在強調當我們面對曝險問題時，維持一貫交易方式的重要性。我只是向各位展示，當我們暴露在市場的不確性時，擁有或缺乏一貫的交易方式會影響你對獲利表現的掌握。若你沒有為自己預先準備調整的時間，突然改變自己熟悉的步調，你馬上就會過度暴露在風險之中。

　　當你選擇以一百股或兩百股來進行交易時，唯一的差別是你增加交易的股數，或者股價更昂貴的股票而已。這代表說，

你可以選擇以兩百股來進行交易，然後你就會習慣這種數量的交易方式，但是當你決定再增加到三百股或更多的部位時，你應該從當天的早上一開始就以三百股來交易，而在實際進場前，應該進行紙上模擬交易，等到你感覺已經捉到它的波動幅度及節奏之後再進場。

若你想嘗試較多股數的交易，建議你挑選股價是你原先熟悉交易個股的一半。舉例來說，若你原本習慣交易一百股50美元的股票，那麼你應該從嘗試兩百股25美元的股票開始。

重點是熟練的當沖客絕不任意嘗試任何新奇的做法，包括股數多寡，股價高低，甚至交易時刻等，除非他事先以曝險較低的交易測試過他的策略可行。結論是，避免過度曝險的關鍵在於先循序漸進地在曝險較少的環境中建立一套堅持一貫的交易方式，然後慢慢地調整你對風險的掌控能力。至於其他更多的策略，請參考第十九章「階段性訓練交易技巧」。

當沖心法

- 嘗試交易任何陌生的股票時,千萬不要超過一百股。

- 能夠在正常交易時間內持續獲利之前,避開在盤前或盤後時間交易。

- 當你感覺迷失的時候,你已經過度暴露在風險之中,立即停損認賠出場。

第八章

預先做好財務規劃

在當沖這一行裡，永遠有可能讓你有亮麗的收入，但你也有可能在轉瞬間輸得傾家蕩產。要避免蒙受重大損失必須要勤儉度日，我知道我的語氣可能一下子就把你對專業當沖客的豪奢幻想及美夢給打破，但事實確是如此，沒有轉圜的餘地。我感覺我的工作就是要放緩你的腳步，幫助你留在財務安全的這一邊。

對當沖族的入門漢來說，財務的管理要分成兩個階段。第一個階段是當你在進行全天候的訓練階段時，仍能維持正常的生活；第二個階段是當你開始積極投入之後，想以此為業時，你需要一個夠穩定、可靠的現金流量。

我可以想像在你開始讀這本書之前，你對當沖可能已經有些瞭解，你也可能是從網路上接觸到這個主題，而且也買了幾本不錯的相關書籍閱讀。而那些可能是你目前唯一的相關支出，你很可能還在上班，尚未思考清楚是否要轉換人生跑道，

進入當沖這一個行業。

　　我猜想此刻的你或許正準備接受一些正規的訓練課程。這些都很不錯，但是在你採取實際行動之際，必須先做好事前的財務準備及規劃。此刻我指的是能夠在你上線訓練期間，維持正常生活開支無虞的預算準備。因為即使你完成訓練課程，開始用你自己的資金進行交易時，你基本上還只是個菜鳥新兵。即使你之前的經歷不只是看過幾本書而已，甚至可能已經花上好幾千美元參加過為期一週的講習營，你依然是初出茅廬的新手，還只是個見習生而已，你需要一些新兵的加強教育（參見第十六章「有關訓練課程的真相」會針對訓練課程有更詳細完整的說明）。

　　當你第一次實際上線演練的時候，應該提醒自己還只是個見習生，還不到業餘玩家的程度。在你接受訓練時要記清楚這個分別，若認為自己在剛入行的前幾個月就能賺進大把鈔票的話，你很可能馬上就會遭遇血淋淋的痛苦教訓。

　　接下來還有一個區別要搞清楚，先問問自己是屬於哪一種見習生？有錢的？還是沒錢的？若你不屬於前者的話，你馬上就會感受到金錢的壓力。一般傳統的網路券商，一開戶至少就要1,000美元，接下來還有更多的苦頭等著你。而你若想挑戰以交易股數計算手續費的券商的話，開戶的最低要求是25,000美元。

　　接踵而來的要求及壓力就更多了，因為你必須支付講習營

的學費，這筆費用是否必須從銀行提出部分的生活儲蓄金？答案若是肯定的，那你要為接下來更多的挑戰做好準備，必須擬好一份完整的預算計畫書。

即使是那些不愁吃穿，不必為五斗米折腰的富家公子或千金，我還是建議你們要精打細算。你或許會對此嗤之以鼻，即使是再大的損失也嚇不倒你，但是你能忍受交易一直呈現虧損所帶來的尷尬及自信挫傷嗎？痛苦的主要來源是你的自尊心。為了減輕這種痛苦，你應該學習其他手頭並不寬裕的普通人接受同樣的訓練。

對於菜鳥來說，不管貧富，我的忠告始終如一：千萬別一次交易超過百股。

別辭去你的工作

現在我們回到一般多數人的狀況，必須努力工作才有飯吃。第一條規定相當簡單：千萬別辭去你現在的工作。

我知道這聽起來像是你滿心狐疑的朋友，或者像是永遠嘮叨不停的老媽。

大多數的你們必須保住目前白天或晚上的正常工作，而且必須看緊你們的荷包，這點不需要我提醒，而可能需要提醒的是：即使你的資金跟大多數人一樣並不充裕，並不代表你就無法嘗試當沖，你只是需要一點創意及謹慎。

　　只靠創意及謹慎或許還不夠，你必須掙錢支付日常開銷，又必須有時間參加密集的當沖訓練，這是一個相互矛盾又衝突的指示嗎？你肯定會提出這類的問題：如果我白天必須工作，又找不到夜班的工作機會，我要如何接受當沖訓練呢？

　　讓我們回到重點：預先做好財務的規劃及準備。你必須為辭去工作後打算，也就是說你必須預先存夠訓練期間支出的金錢。若你想自我培訓，大約是三個月的時間；若你接受我提供的一對一指導訓練，時間就可以縮短三分之二，大約是一個月的課程，就可以學會如何安全獲利的交易方法（有關我親自指導的課程資料，請參考我的官方網站www.DayTraderJosh. com）。

　　你所需儲蓄的預算要由你接受訓練的時間長短來計算，你若想自我培訓，至少要預先準備三個月的開銷。若你一個月的開支需要5,000美元，那你至少得先存15,000美元。若你接受我個人的親自指導，那只需準備一個月沒有收入的開銷，需儲蓄5,000美元。

　　若你無法獲得公司留職停薪的許可，而且你也不知道當你決定重返職場時，原來的工作職位是否還在，那你必須先找好下一個工作才能採取實際行動，否則你必須確定當沖就是你終身的職業，再也沒有回頭路，抱定破釜沈舟的決心，學會如何安全獲利的方法。

　　別期望你在訓練期間能賺什麼錢，不管你是自我培訓，或

是接受我的指導。如果你事先沒有存夠足夠的資金，你將會發現自己無法支付一些帳單，這些帳單肯定不是來自股票交易！如果你每個月的開銷平均需要5,000美元，那你就需要每天持續以當沖賺回225美元，而且是稅後淨利。做為一名見習生，你每筆交易的股數也只有一百股，所以從統計上來說，每天很難賺超過150美元，而且你肯定很難每天持續獲利，再加上你在這段期間的主要目的是學習，而不是賺錢，你應該把這段時間看成是全天上課的大學課程。

在我前三年的當沖生涯裡，我經歷過好幾次同樣的惡性循環：我交易了好幾個月，不是剛好打平，就是賠得很慘。只不過我若輸得太慘，只得回去工作。

經過反省，我終於瞭解自己為何不斷地慘賠，是因為我不曾將重回股市的動作視為訓練或要求進步，而只將它們當成我最後一次翻本的機會。我全心全意地只想賺錢，而不會從錯誤中學習，因為當時我失望透頂了。

這也是為什麼初期的訓練如此重要的原因，這點值得我再三地強調，它會阻止你靠近之前讓我落入地獄的可怕陷阱。

你可以複習第一章「瞭解自己是第一要務」，我曾經強調過的重點──全心全意地投入，換句話說，就是全天都進行交易。為了成為專職的當沖客，你必須要能一週五天，進行整天的交易，否則技巧提升的速度會不如預期。你不可能只藉由工作場所的電腦，一週只交易個幾回就成為成功的當沖客。你也

不可能藉此獲得一個專業當沖客所需要的深刻經驗。

我並不是說你不應該在工作時忙裡偷閒進行股票交易，那可以是一個很好的開端，而且你若夠幸運也不無小補，你可以把這些錢安排到一個準備接受全職訓練的預算計畫裡。

現在讓我們假設，你已接受我一個月的親自指導，或者是完成三個月的自我培訓，而且效果都很棒。你準備從密集的模擬訓練進階到實際密集交易的業餘當沖族，你就像是剛獲得教師資格的新人，才剛踏出校門，準備成為專業的當沖客，但你只是剛冒出新芽的綠葉。雖然你雄心萬丈地準備把當日沖銷做為你主要的收入來源，但你缺乏真實世界的經驗，肯定會使你眼前的道路坎坷難行。

除此之外，你的預算計畫將邁入第二階段，第一章「瞭解自己是第一要務」及第十三章「整天維持一致的交易方式」都一再強調在你試圖把當沖當成主業之前，學習如何堅持一貫做法的重要性。在你的訓練階段，你應該要學習如何維持一貫的交易方式。現在你可以準備進入預算計畫的第二階段，那也是另一種形式的堅持，最嚴格的收入管控。

錙銖必較，精打細算

若你能保持每天平均獲利225美元，而且限制自己單日虧損的金額在100美元左右，那麼你就能以此為生了。這是依照

你的表現來決定你的收入，完全由你自己作主。

我個人比較習慣以每個月的綜合成績來衡量自己的表現，因為我若有一天表現不佳，心理也不會有太大的壓力。不過我也有設定一個每天盈虧的底線。我最重要的目標是達成每個月的盈餘目標。如果發現自己嚴重落後，我就會加把勁，多努力一下。要瞭解每月盈餘的做法很簡單，我在交易帳戶裡保持一個最低存款的金額，超過它的部分就是我的獲利。

在每個月的一號，我就做好當月的預算規劃，我用帳戶的餘額減去最低存款限額。所以假設月初，我的帳戶裡有25,000美元，到了月底有30,000美元，我的毛利就是5,000美元。

接下來是我為年底所得稅所做的安排，我將每個月毛利中的百分之三十提撥出來，存入另一個會孳息的帳戶。比方說，5,000美元的七成是我每個月的淨利，1,500美元是稅款準備金。所以到了年底，我就有一筆錢可以拿來繳稅。只要我事先準備好稅款，很快就能算出可以拿回多少的退稅。假設說，在這個會計年度裡，我賺60,000美元，而我已經預先提撥百分之三十的稅款，因此我至少有18,000美元（因為有孳息收入）可以拿來繳稅。[1]

---

[1] 作者註：若你有一位很棒的稅務顧問，精通證交稅，你或許可以從18,000美元拿回一大半。不必繳給國稅局的提撥稅款就是你的退稅金額。

安全預備金

千萬記得以下這句話：在當日沖銷交易裡，沒有什麼東西是掛保證的。

你總是要有第二套的預備計畫，你需要有一筆錢單獨用來支付帳單，就像你在接受訓練期間一樣。你或許會有一個表現糟糕的月份，最後可能是不賺反賠，而你交易帳戶裡所剩的錢，可能連拿來支付你的日常開銷都還不夠。

若事先準備的安全預備金充足，你就永遠不必為這類事情操心，而且若你決定要暫停交易來反省學習的話，也會有所依靠。

你能想像每天進行當沖交易，卻沒有準備一張安全網的情況嗎？或者是萬一你今天賠錢，明天只能在街頭餐風露宿？千萬、萬萬不要這麼做。

在你決定以當沖做為謀生的職業之前，至少應該準備足以應付三個月開銷的安全儲備金，而且應該另開一個戶頭存放，別跟交易帳戶的錢混在一起。舉例來說，若你需要25,000美元的交易帳戶最低存款（多數以股數計算手續費的券商都要求這個金額），另外至少還應準備10,000美元存在另一個銀行帳戶，以備不時之需。換句話說，要完全投入當沖這個行業，你至少應該先準備好35,000美元。

雖然我很討厭當烏鴉嘴，但是你很可能會有一兩次讓你的

交易帳戶的餘額低於券商的最低存款規定，此時事先預留的10,000美元就成為你的救主。當你接到券商電話，通知你補足差額，這筆錢就能預防你捉狂。若你沒有這筆安全預備金，你就無法再進行交易，直到你把差額補足為止，這真是糟糕透頂了！相信我，我曾經遭遇過這種痛苦不堪的窘狀。而我個人的親自指導課程的目的就是要降低你經歷這種夢魘的機會。

千萬別犯過度自信的錯誤，認為自己是萬中選一的幸運兒。以下是我嘔心瀝血的建議，相信我，事前準備總比事後道歉好得多。別在你準備好安全儲備金之前，就辭職投入當沖，別把安全儲備金存在交易帳戶裡，特別是這一點，因為在交易時，你很容易被情緒牽著鼻子走，很難不動用它。

認清自己的財務能力，詳細聰明地事先規劃，將能大大地提升你在高風險、穩定性低的環境中存活的機會。準備用Excel電子試算表來安排、記錄你的預算及支出，在你每天交易結束後更新紀錄，時時維持你帳戶金額的最新資料。若你不太會用Excel，也可以用QuickBooks來幫助你記帳。[2]

在當沖這一行，你不僅需要有條理分明的頭腦，努力勤奮的精神，更要有良好的儲蓄能力。

---

[2] 譯者註：由直覺（Intuit）電腦軟體公司開發銷售，是美國最普及的中小企業會計管理軟體，因為中小企業老闆多數沒有受過專業會計訓練。直覺軟體旗下最著名的軟體為Quicken個人財務管理軟體及稅務申報軟體TurboTax（美國版）及QuickTax（加拿大版）。

當沖心法

- 若你計畫自我培訓，得先存好足以支應三個月開銷的預備金。若你接受專業的親自指導，至少也要先存好一個月失業開銷的支出。

- 在你完成三個月的自我培訓或一個月的專業指導之後，除非你已達到持續獲利的階段，否則暫且不要以當沖做為主要收入的來源。

- 如果你想暫時辭去工作來進行培訓，要先確定訓練結束後可以重回原來的工作崗位。或者事先找好另外一個工作來當安全網，或接受短期的專人指導以縮短訓練時間。

- 不管在你接受訓練的期間，或者是你剛開始真正上線交易的期間，都得事前準備好安全儲備金。

- 千萬別把你的安全儲備金存在你的交易帳戶裡。

- 利用電子試算表或記帳軟體來幫助你隨時掌握財務狀況。

第九章

設定停損降低風險

　　不管採用哪一種交易系統，對於當沖族來說，最嚴重的風險就是交易虧損，出現赤字。從會計的觀念來說，赤字虧損就像流出來的鮮血，而好消息是做為專業的當沖客，你可以控制失血的程度。有一套適當的獲利及停損設定機制，你就能掌握虧損的規模。

　　而獲利及停損點究竟是什麼呢？答案可能有點複雜，因為各個當沖族可能都有不同的定義及策略。不過大致來說，獲利及停損點就是你預先設定的價位，只要市價一觸及，你就會馬上賣出手中持有的部位。重點是即使你認賠出場，但是虧損的金額是你事先估算過，在可以承受的範圍內，不致造成重大的損失。

自動設定獲利及停損的習慣

只有嚴格遵守設定獲利及停損點的步驟，才能降低發生意外的風險。一不小心偏離這個原則，你就是在惹禍上身。養成自動設定獲利及停損的習慣，聽起來似乎有點呆？不是嗎？實際上要做到並不如嘴巴說得那麼容易。你必須小心提防隨時從心裡冒出來的各種反覆無常的誘惑，很容易就讓你違反這項原則，特別當你還是個業餘當沖族的階段。

以我為例，我記得我第一次學會停損是在一九九九年，我參加的第一個講習營。他們告訴我，當市場走勢對我不利的時候，此刻我唯一要做的事就是立即賣出手中的部位，接受這非常少且能忍受的損失，然後繼續進行下一筆交易。

我當然不能指責他們的說法有誤，因為這個過程的確相當簡單明瞭。我發現整件事的問題出在我身上。從心理層面來說，要拋棄自己千挑萬選的心怡對象並不容易。而且後來當我採取停損及獲利了結出場，又出現另一個心理層面的陷阱。在我反覆不斷地採取停損及獲利了結的方式出場之後，我發現我的虧損大於獲利。我開始變得有些惱火。是呀！獲利及停損的方法雖然有效，但我卻一直在認賠停損。

我雖然已經學會如何降低、減少風險，現在的我卻必須學會如何降低停損造成的虧損。我向自己抱怨，如果你想靠當沖賺錢，賺錢的交易必須多過虧錢的交易。不過，我所接受的教

育訓練並沒有為我準備好這個問題，他們並沒有教我如何避免採取過多的停損動作。我的講師只有在課程中強調將獲利及停損的步驟融入交易過程的重要性。舉例來說，如果想一筆交易賺10點，我應該在跌2點時停損出場。

沒錯！一切聽起來都很簡單！

那個教育訓練欠缺一些重要的關鍵及必須處理的問題，例如不是每筆交易的情況都一樣。有些股票震盪的幅度較大，你必須多留一些緩衝區，免得它在拉回觸及你的獲利點之前，就讓你停損出場。而且在其他情況下，你或許可以順勢向下攤平，而不必急著認賠停損（這個策略只適用於專業的當沖客）。

基於上述理由，學習如何設定獲利及停損需要不斷地嘗試，這也是我一直強調及叮嚀：你的交易技術達到一定水準之前，必須堅持以一百股進行交易的原因。

在此我提出幾個基本原則來幫助你掌握設定獲利及停損點的方法。

第一點是在你試圖衡量你的停損及獲利水準之前，你必須先瞭解自己的財務能力。舉例來說，若你估算自己一天能夠承受的虧損是200美元，那麼你可以在單筆交易損失達到200美元的水準來設定停損；若你計畫一天進行多筆交易，那就必須將能夠承受的風險平均分攤到每筆交易上。假設你計畫一天進行二十筆交易，而每天能夠承受損失的金額是200美元，那麼

每筆交易最大的曝險門檻就是10美元。

每個訓練課程都會告訴你類似的規劃，不過我現在要詳細地說明一番。

我們都是人，所以大家也知道，即使手中有一份每日預算計畫書，也不保證會嚴格確實執行。相信我！當我指的是每日的當沖計畫書，它是非常難做到的，我自己都算不清楚有多少次虧損超過每日預算規定的額度，而且還超出很多很多！每當我發現自己當天多數的交易都是虧錢的時候，就會出現下面這種情況！我在中午過後，放棄事先設定獲利及停損的做法，像一隻發怒的猩猩般地開始交易。

問題並不是來自我交易的某支股票，也不是市場，問題來自我盤中交易的舉動。我沒有為自己量身打造一套交易機制，所以我重新開始學習。我透過一整天的交易來學習，一個當沖客的獲利及停損點應該根據每筆不同的交易而有所調整。

交易一旦開始進行，你必須謹守原先設定的獲利及停損出場價，但是每筆交易的停損及獲利水準在一天之內要時刻進行評估。比方說，在你的第一筆交易裡，你可能決定44美元（放空）或42.75美元是你的停損點，然而在同一支股票的第二天交易，你的出場價可能需要分別調整至44.50美元及42.50美元。

如何事先決定你的獲利及停損點呢？你唯一能做的事就是緊盯螢幕上的圖形走勢，你必須持續地評估盤中的阻力及支撐

水準。你會瞭解當股價逼近或突破它們之後的反應，你必須記錄當它們被突破後的走勢及波動的幅度。

　　新的停損點必須設在這些阻力及支撐水準之外，參見圖9.1，注意股價在形成新的阻力及支撐水準之後，股價拉回的情況。

　　盤中走勢拉回是迅速賺取15到30美分的絕佳機會，而突破區（如圖9.1所標示）則是進場的大好時機。而這就是當沖交易的竅門之一，要精通設定停損及獲利的策略需要很多的實驗及觀察。

圖9.1　5分鐘走勢圖：股價拉回

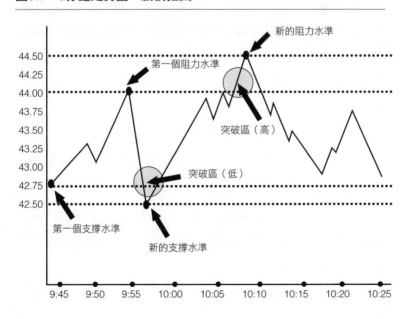

　　我終於明白原來一天盤中停損及獲利點是可以變動調整的。我學習到我需要對盤中個股的走勢分析有更充分的認知，每一筆交易可以有不同的停損門檻。簡單地說，我所發現的是你的停損及獲利出場價不應該是固定不動的，它們和你一樣應該都是動態的。你要學會在心裡面同時考慮多個變動，當你在考慮評估正確的停損出場價時，還要考慮每筆交易所能承受的虧損以外更多的東西。在每筆交易之間，都應該考慮設定不同的停損及獲利出場價。

　　有些股票要耗時一個小時才會有10美分的波動，有些則在十秒內就有10美分的波幅。假設你正在交易某支股票，我假設你已經交易這支股票有一段不算短的時間，對它波動的節奏十分熟悉，知道盤中股價波動的方式。你也知道股價突破阻力及支撐水準後，前進的速度及突破後震盪的幅度。由於你已經充分掌握這些資訊，你自然可以動態地調整適當的獲利及停損點。

　　以下就是我的範例，我喜歡挑選每二十分鐘內波幅達到1美元的股票來進行交易。在這1美元的波幅之間，它劇烈震盪，也就是股價波幅很快就有10到20美分的變化，來來回回，但是終究在二十分鐘左右達到上下1美元的波幅。由於我已完全掌握它股價波動的節奏，我可以一整天有效地適時調整我的停損及獲利點。

假設今天亞馬遜網路書店的股價是在70美元。在我開始估量停損及獲利點之前，我需要先知道幾件事，我會先查驗它的走勢圖，找尋主要的盤中支撐及阻力水準。我會拿昨日的盤中高點當成今日的阻力，接著把昨日的低點當成今日的支撐。我使用這些指標開始交易亞馬遜網路書店。

我現在可以準備少量的嘗試，也就是（你猜到了）以一百股進行交易。當股價逼近我的盤中阻力及支撐時，我就要開始規劃進場。如果股價突破頂部的阻力，我可以選擇放空，若它跌破支撐水準，我可以選擇作多。

慢著！你可能會出聲阻止。你可能會說：為什麼選擇逆勢操作？若股價上揚，而且突破主要阻力水準，你為什麼要放空？

我的答案是，華爾街的股票交易員必須獲利了結，當他們賣出他們的部位，股價就拉回，那也是你該行動的時候。要預測股價接下來的趨勢是向上或向下是很困難的，但幾乎可以保證它一定會拉回。股價接下來很可能會拉回至主要的水準。當沖族的工作就是利用這些快速反轉，賺取公平的利潤。

我發現當股價碰觸到這些主要阻力及支撐後，多數時間都會拉回，而若他們沒有拉回，就立刻停損出場。事前設定停損出場計畫，基本上就代表沒有什麼需要擔心的。

假設70.50美元是亞馬遜網路書店盤中的主要阻力水準。我會等到股價觸及70.50美元，只消幾分鐘而已。只要一觸及就代表已經超買，準備拉回一些。

若你熟悉你交易的股票，此刻你知道它接下來最有可能的走勢，以及速度會有多快。其中的關鍵是你必須耐心地等待股價觸及盤中的支撐或阻力水準。當一觸及，你就得準備進場。但是在你準備進場之前，你心中必須有決定好的停損及獲利了結出場價。

若我在70.75美元進場放空，我心裡已想好在71.05美元停損，若股價漲至71.05美元，我這筆交易就損失30美元。若股價向下拉回，我將在70.25回補空單。在圖9.2中，我被迫在71.05美元認賠停損。

在圖9.2中的灰色區域，代表我交易的區域。股價並沒有拉回，所以我迅速地在71.05美元停損出場。

而在這筆交易裡，我從進場到出場只花了短短的四分鐘。

當股價突破主要的阻力或支撐水準後，多數都會拉回25美分或更多，之後才會繼續測試更新的阻力或支撐水準，所以我通常會預留25美分的停損空間，再加上我會在股價突破阻力或支撐達25美分時才進場，因此我等於是在距離原來的阻力或支撐50美分的位置設定停損。股價在突破阻力水準之後，拉回的機會遠比直接上攻大得多。

圖9.2 5分鐘走勢圖：走勢不如預期

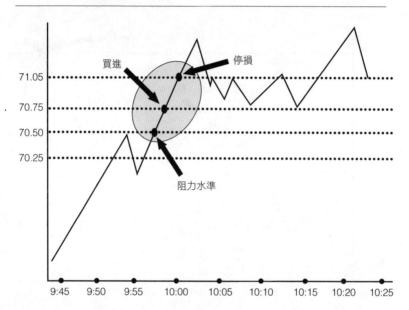

圖9.3則是借用圖9.2的情況來說明，若一切順利進行的情況為何。

假設股價突破70.50美元的盤中阻力，而且再向上漲25美分（極度買超的跡象）。我進場在70.75美元放空，然後它先拉回至70.50美元之後，再向上攻至71.05美元，我在70.50美元回補空單，賺得25美元。

我在早上九點五十八分左右進場，三分鐘後出場，請注意股價在我出場之後繼續拉回，之後再奮力上攻。只要它觸及

圖9.3　5分鐘走勢圖：走勢符合預期

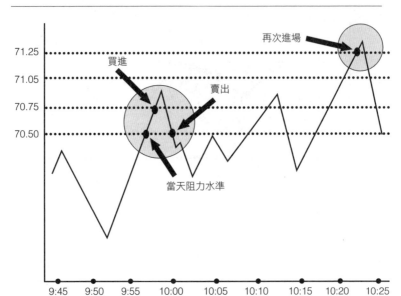

71.25美元，我很可能會再度進場放空。我的下一筆交易的停損及獲利點則完全不一樣。我這一次可能在71美元回補，或在71.50美元停損（這就是我所指的動態停損或獲利）。

　　而這看起來似乎一大堆的規劃及等待只為了賺取區區的25美元，而且還有可能損失50美元。好吧！請留意以下幾點：

- 如果最低的布局選得好，當股價觸及盤中主要的阻力或支撐水準後，拉回的機會是繼續突破的十倍。

- 隨著你的交易技巧提升，你會注意到更多種的布局方式。
  我通常一次留意十支股票，多數的時間裡平均每一分鐘到
  五分鐘至少就有一支股價觸及主要水準，可能只需要一分
  鐘的時間就完成一筆交易。

重點是認賠停損並沒有什麼了不起，因為我接下來還有很
多筆交易等著，可以讓我把停損的錢賺回來。比方說，我可能
有五或十筆交易停損出場，但我一整天可能有五十多筆獲利。

同樣地，我也學會如何抵擋**持股**通過我的停損點，因為它
不僅使我陷入難以預料的危險，也會綁住我的資金。我若**死握**
著虧損的部位，就無法進行其他的獲利交易。

在這裡，我要再一次強調耐心與小心謹慎的重要性，當你
還是個業餘的當沖族時。當你還在學習如何適當地設定停損或
獲利點時，免不了要猜測一下。你也肯定會犯一些錯誤，然而
我可以向你承諾：你交易某支股票的次數愈多，就會愈瞭解
它，特別是當它逼近進場及出場水準時的反應。到最後，你就
會清楚地判斷哪些價位是進出場的良辰吉時。

當沖心法

- 學習如何適當地設定停損及獲利點是一個嘗試錯誤的過程。所以再次叮嚀：以少量的一百股進行交易。

- 在你決定當天走勢的阻力及支撐水準之前，不要隨意設定停損及獲利點。

- 在你評估你的停損水準之前，先認清自己的財務實力。

- 交易進行中，絕對要謹守你之前設定的停損及獲利點。

第十章

攤平屬於進階策略

　　向下攤平是一種降低目前下跌的持股平均成本的策略。問題是，這真的是一個好的操作方式嗎？或者只是一種亡羊補牢的做法而已？答案仰賴你的交易技巧水準而定。

　　讓我舉例說明向下攤平的原理。假設你以50美元買進一百股，但不幸地股價跌至每股49美元，所以你再以49美元買進一百股，這使得你每股平均的成本攤平成為49.50美元。

　　表面上看起來，這似乎是個不錯的計畫，但是你目前的持股也增加至兩百股，有過度曝險的問題。對於業餘的當沖族來說，尤其是個難以掌控的問題。初學者更不適合一直向下攤平，持股一直增加到四百股、五百股。

　　要想成功攤平的關鍵在於心中必須先有一番精明仔細的盤算。技巧還未成熟的當沖族或許會想嘗試一些精明的策略，不過常常事與願違，因為當他們增加交易的股數時，他們可能會忘了曝險也同時增加的問題，因此我要大聲呼籲：

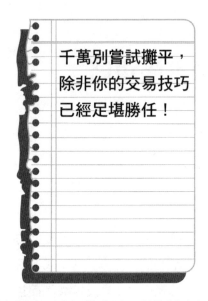

把上面這句話寫下來，做成另一張警語貼在你的牆上。

業餘的當沖族為了達成持續獲利的目標，剛開始交易的股數也不多——差不多是一百股。他並不具備執行繁複操作的能力，向下攤平屬於專業級的技巧。一個初學者或許可以靠著好運氣，嘗試攤平成功過幾次，一旦遇上情勢突然惡化，他可能就會被嚇傻而楞在原地，**一直持股**到當天交易結束為止。然後當天結算時，才知道自己闖了大禍。

成功攤平需要熟練的交易技巧

那麼你要如何知道，何時才能稱得上是有足夠熟練的技

巧？如果你交易某支個股已經夠熟練，而且保持一直獲利的情況，此時你就可以嘗試一些進階級的技巧。為了要衡量你是否真的已經夠資格，請重新複習第一章「瞭解自己是第一要務」，問問自己同樣的問題。

我曾經在還是當沖菜鳥的時候嘗試過向下攤平，後來在經驗豐富後也嘗試過。前者當然是下場慘烈，後者則游刃有餘。依照慣例，讓我來跟你們分享我還是菜鳥時的大膽嘗試，以及招致的嚴重後果，另外我也會告訴你們，我現在是如何運用這技巧來避免虧損。

到今天為止，我個人所遭遇最嚴重的意外虧損就是因為錯誤的向下攤平所造成的。做為一個剛入行的新人，我知道股市獲利的基本原則就是低買高賣，我也知道當股價漲至我的獲利出場價就該賣，我也有另一個停損出場價。但是若股價跌得太快，或者當天的交易不順，我就很容易變得情緒化，我會對那支股票生氣。我不但沒有認賠停損，反而是眼睜睜地看著它下跌，等著它跌到更低的價位買進更多的部位。

我完全捨棄我原來的規劃，若股票持續下跌，我將毫不猶豫地買進更多股票。我嘗試找到新的支撐點，但是我錯誤地向下攤平，只能跟著它一路向下買，而沒有什麼聰明的對策，一直到用罄我所有的資金為止。

有時候，我的運氣好，股價反彈到讓我可以打平解套的水準。你或許會問我，為什麼不再多等一會兒，說不定這筆交易

可以由虧轉盈。通常我都等不及讓它再漲一段就趕快脫手，因為在這段過程中，我已經緊張得不得了，一心一意只想儘快出場。

在某些交易裡，我曾經有單筆交易差點要賠掉1,000美元，直到收盤前才拉回，等到它回到我的平均持股成本，我馬上出清所有部位，讓心中的一塊大石落下，鬆了一口氣。不過我還是覺得幸運，因為我的行為跟賭博沒兩樣。

但是我多數攤平的交易都不會反彈，所以我必須認賠大額損失，忍痛拋出，或者是**持股**過夜。而我之所以**持股**過夜，自然是期望明天股價能夠反彈。

結果多是它沒有反彈。

在菜鳥時採取向下攤平的動作，我違背了每一條交易致勝的原則。我過度情緒化，缺乏自律，以及缺乏執行複雜技巧的經驗。感覺像是隻挨餓的小狗，孤單地在森林裡迷路，卻還試圖玩弄我的獵物，結果反而讓自己變得更餓，找不到出口。

後來，當我有了更多的經驗，向下攤平的成功率才逐漸提升，最後我終究能將這項技巧融入我的整體交易策略之中。

純熟技巧不可能一蹴而成

超過一年的時間，我都以少數幾支經過精選，值得信賴的股票進行交易。我已經摸透它們波動的節奏，對它們的波幅範

圍也十分清楚，知道它們在觸及支撐及阻力水準後會如何反應，我對自己每筆的交易充滿信心，卻還沒有練成足夠的技巧來駕馭向下攤平的技術。

在第十八章「善用紙上模擬策略」裡，我強調在實際嘗試任何新事物之前，都必須先進行紙上模擬或觀摩示範。不論是新交易的股票標的，或者是新的交易策略，這個做法一體適用。我也一再強調除非你能以百股交易持續獲利，否則千萬不要嘗試以較多的股數進行交易。

在我學會堅持對的方法之後，我很快地就以百股交易獲得相當的成功，接下來我試著兩百股的交易方式，但是我非常地謹慎，只以那些非常熟悉及容易預測的個股來進行演練。

重點是你必須先精通如何以兩百股進行交易，之後才能嘗試攤平的動作。換句話說，如果你還不清楚要如何跑壘的話，千萬別急著揮棒打球。

對我來說，一個正常的攤平動作，持股增加到兩百是我的極限。我會先進場買進一百股，若股價下跌的話，我會在較低的價位再買進一百股。

進場之前，我總是會預先擬好一個對策，只要花幾秒鐘想一下，我會很快地先問問我自己為什麼想要攤平這筆平易。通常是因為那天我原本以兩百股進行交易的個股走勢突然變得難以預測，我為降低曝險之故，才會先以當天原本交易股數的一半進場。

　　我是在躲避什麼樣的風險呢？當我以兩百股交易那支股票時，每筆交易容許的虧損額度是50美元，也就是每股容許的跌幅是25美分，換句話說，若這支股票的股價是50美元的話，我在49.75美元就得停損出場。

　　既然我已經知道我的風險門檻，就能預擬一個執行計畫。我會在股價觸及50美元時先買進一百股，當它進一步跌至49.90美元（目前損失10美元），我再買進一百股。

　　現在我的持股變成兩百股，我必須謹守我的計畫，而我必須很快地進行心算，當我再度買進一百股的時候，我的持股成本向下攤平了。我是以50美元買進第一個一百股，49.90美元買進第二個一百股，所以我的每股平均成本是49.95美元。當我以兩百股進行交易時，每筆交易最多只容許50美元的虧損，因此我現在最多只能容許股價下滑至49.70美元，就必須進行停損。

　　此刻你或許會問我，為什麼要做這麼多麻煩、複雜的動作，為什麼不一開始就買進兩百股？

　　記住，這一切都是為了避免過度曝險。若我感覺到自己交易的股票走勢突然變得不對勁，我選擇先以原本一半的股數進場，為的就是要降低風險，另外還有一個原因就是當股價走勢變得不穩定，要在圖形上找到阻力及支撐都變得比較困難，因此為自己多準備一點轉圜的空間是聰明的做法。

用上述這個例子來說明，你就可以瞭解其中的道理。若你以50美元買進兩百股，那你最多只能容許股價跌至49.75美元，就必須停損認賠，而不是攤平之後的49.70美元。這5美分的差距看起來似乎沒什麼大不了，但它很可能是讓你這筆交易不致停損出場的緩衝區，走勢劇烈震盪的時候特別有用。

我曾經多次在股價觸底反彈前停損出場，而它們的差距都只有幾美分而已。如果當時我攤平的技巧夠成熟的話，我留在市場裡的時間就能更久，而且不必虧損超過我平常設定的曝險門檻。

我說明的方法有一點冒險，特別是在難以有一個清楚的進場及退場的計畫時，不過我要一再強調，它需要相當高的技巧才能有效地執行這項策略，這也是為什麼必須在紙上模擬熟練之後，才能下場實地演練。

當沖心法

- 除非你的技巧已經相當純熟，否則千萬別嘗試攤平的動作。

- 即使採取攤平，也不容許虧損超過你原先設定的風險門檻。

- 只對你以往能夠持續獲利的股票採取攤平動作。

第十一章

賭博與當沖的差別

　　賭博只有一個下注的動作，而決定輸贏的機制只有機率、機會而已。機率是一件事是否會發生的數學或然率。而機率是賭博過程的關鍵。相反地，當日沖銷或稱為「盤中投資」所涉及的操作，則是在一個我們較能控制的機制裡，這套機制直接影響我們的賺賠，而不像賭客只能仰賴危險的數字機率。

　　當賭場的賭客決定嘗試當日沖銷，他或許會認為這項職業就是下注賭博。如果他搞不清楚到底自己做的是啥，那麼他的推論很可能是對的。詢問任何一位專業的當沖客，他是否認為自己是個賭徒？他們多數的答案可能是：你指的是，當我還是個菜鳥的時候？還是現在比較有經驗的我？

　　我會在本章稍後回答這個問題。

　　當賭客大搖大擺地走進賭場，他們在賭桌上或機器前輸贏的機會是一樣的，他們都想打敗機率。當然有些玩家比較聰明，預測的技巧相當高明，他們贏的機率比一些菜鳥高。即使

如此，他們同樣只是在下注賭博，將自己的命運交給不知名的神祕力量，因為賭博的風險是無法控制的，輸贏是一翻兩瞪眼。不管你是擲骰子、玩撲克牌，或者是拉霸玩吃角子老虎，這其中槓桿的支點都是單純的機率。儘管最後的結局可能有所不同，但最後走出賭場的結果只有兩種，不是口袋麥克、麥克，得意地笑；就是極力忍住眼眶裡淚水，希望它不要掉下來。

在當日沖銷裡，輸贏的機會看起來差不多，但是深究下去則完全不同。當沖族並不想單靠運氣在賭場般的環境裡贏錢。他關切的是如何能將風險降至最低，這種風險相當複雜，而且具有延展性，比起賭場當下分輸贏的情況複雜得多。專業的當沖客能反過來利用它賺錢。

當沖與賭博最主要的區別是股價波動是一直持續的變化，不像賭博有固定的或然率，而且有能夠營造持續獲利的條件，不像賭博很難有連續贏錢的機會。

在賭場裡下定離手之後，你只能在一旁看著骰子何時停止轉動，但是在當沖交易裡，即使你是靠靈感或直覺交易，在交易過程中你依然可以有所選擇。你的優勢是事前的規劃，而不是只靠機運。因此當沖的挑戰是盡可能地準確預估盤中走勢的機制。

厲害的當沖客有點像是賭場中的靈媒或異能者，當他們在玩輪盤的時候，他們能事先預測結果。在荷官喊出下定離手之

前，他們能感應到球會停在哪一格，哪一個號碼，因此他們能將所有的籌碼押在那個號碼。

不過賭場裡也有人隨時在監看，搜尋這些超能力者，一旦他們發現這些人，他們就會將這些超能力者驅逐出去，禁止他們再入場。

當沖客並不是什麼靈媒或者異能者，但他可以指揮類似的選擇。他可以預測股價波動的走勢，就像看著輪盤上的球不停地繞圈。雖然他沒有神奇的魔力，也不可能完全確定股價的走勢，但是他可以在交易中，球還在繞圈的同時，修正他的風險。

假設說你完全只依照靈感或直覺來買股票，因為你對股價會上漲感覺有自信，此刻你所做的就跟在賭場裡下注一樣。即使你只是根據變幻莫測的直覺來進行交易，但它還是有一些賭場付之闕如的選項，這就是股票交易獨特、有趣的地方。風險控管才是決定當沖族輸贏的關鍵。

就如同我在第六章「風險控管的重要性」裡所提的，有好幾種策略性的選項可以運用：

- 你可以在股價走揚時，增加籌碼。
- 如發現股價走勢對你不利，可以帶著籌碼離開桌面。
- 你可以事先決定你的停損及獲利點。
- 你可以換股進行交易。

- 你可以在盤中**一直持股**，一直到它拉回為止。[1]
- 你可以向下攤平你的部位（同樣地，只有專家才應該嘗試這種做法）。

當專業的當沖客被問及賭博與當沖的差別時，他可能會告訴你，多數的業餘當沖族基本上是在賭博。他心目中多數的當沖族是指，還沒有學會為自己準備好救命的安全網，就挑戰如同走鋼索的當沖工作，以及還未達成每日持續獲利紀錄的新手們。他知道他們缺乏風險控管的交易就像在擲骰子一樣。

我知道一位專業的賭徒也會說類似的話，他會告訴你需要非常專心，而且要嚴格遵守預算的規劃。他說的沒錯，但他也同樣透露殘酷的事實：一切由機率決定。關於風險控管，他沒有什麼好說的，你無法改變或控制賭博中的機率。

相反地，每位專業的當沖客都有其獨特嚴格的風險控制機制，衡量曝險也有一貫的做法。第十三章「整天維持一致的交易方式」及第七章「過度曝險造成傷害」都強調堅持一套行得通的計畫的重要性。

我希望你記住這句話：每次交易虧大錢，都是因為我在賭博。

我在此要告解一下，我承認即使我已經成為一個專業級的當沖客，我也曾經偶爾拋棄自己的風險控管機制，而且幾近

---

[1] 註：只有專家才應該嘗試這種做法。

破產。

　　我如同往常地以一百股進行交易，而且維持獲利不斷，但是突然間好像有什麼東西降臨到我身上，可能是無聊煩悶，或者是想賺更多錢的壓力，也可能是心中的貪念作祟。不管它究竟是什麼，總之它就是來得如此強烈。突然間我背棄了自己所有的原則，開始以一千股來交易。

　　儘管我清楚知道自己將暴露在平常風險的十倍之中，而且知道自己已經偏離原本安全、一貫的原則，但我就是把這些建議及原則全部拋到九霄雲外、棄如敝屣。

　　當時我渴望金錢，更多更多的錢，而且我不在乎，不在乎自己淪為賭徒。我猶如置身賭場，可能在一瞬間將自己下的注全部輸光。

　　我完全不理會上面所列的各種可以運用的策略，例如攤平或盤中**一直持股**等，因為我已經沖昏頭了。一開始進場就買一千股，每當我買進的時候，就開始祈禱股價走勢能如我所願，如果情勢反轉，則可能會瞬間將我吞沒。

　　這變成一場賭博，輸贏的機會各半。如果走勢不利於我，我將置身於大麻煩之中；若走勢向上，我也只是好運而已。

　　還好走勢並未下跌，讓我賺了幾筆，但若跌勢來得又快又急，加上我手中的部位有一千股，每跌1美元，我的損失就會增加1,000美元。我平常交易的股票每十分鐘就有1美元的波幅，現在我可能在每十分鐘就吞下1,000美元的損失。

往好處看，至少我學會一件事，即使它並沒有什麼大不了：即使我以如此瘋狂的方式交易，它還是比賭博好，至少我損失的速度慢一點。想像一下，你將 1,000 美元放在賭桌上，玩一把黑傑克二十一點，你的錢很可能在十分鐘之內就輸得精光。或許在荷官發牌的三十秒鐘就一把輸光。

想想這些悲慘的機率受害者所感覺到的無力感！想想這種瞬間的災難！這就是賭博啊！

每當我違背自己堅持一貫的做法，我就從當沖客淪為賭徒。不管你花多少時間輸掉一切，都不重要。重要的是淪為賭徒的事實。千萬別忘記：好運是賭徒最好的朋友，而不需要靠運氣則是當沖客與賭徒最大的差別。

當沖心法

- 在你開始當沖交易之前,必須先學會風險控管,否則與擲骰子賭博無異。

- 在最初的上線交易經驗裡磨練你的風險控管技巧,隨時運用當沖交易的各種策略選項,否則你就是在賭博。

- 千萬別問自己今天是否走運。

第三部分 有關盤中交易的各種真相

　　第三部分蒐集一些能夠提高盤中交易成功率的建議與警告，為了能夠得到最大的利益及好處，你必須對之前的篇章內容相當熟悉。

　　這一部分也囊括一些盤中交易最容易犯的典型錯誤，同時涵蓋如何進行全日交易的一些基本技術問題。此外，我也提供如何選擇交易股票的系統性做法，最後解釋看待新聞的態度。

第十二章

為什麼有些人比較容易犯錯

　　你可以擁有企業管理碩士的學位，參加昂貴密集的當沖訓練研習營，但是這些課程訓練能否幫助你成為一名成功的當沖客？

　　答案是否定的。

　　就如同我之前所提的，只有當你用自己的錢進場交易，也只有當這些交易對你形成個人的意義的時候，你的學習才能真正內化成你自己的經驗及技巧。你從慘痛但具啟發意義的錯誤，或在顧問親自指導，免除災難的協助下，習得有價值的教訓。

　　因此我在本書的第一部分就強調情緒的糾葛及情感的陷阱，這絕不是偶然的結果。我在一開始就指出它們的存在，因為它們就像水一樣，能載舟，也能覆舟。當沖所犯的錯誤總是與一些自我毀滅的心理有關，自律則是解除這些毒害的萬靈丹。

在交易時，我們都會面臨情緒性的問題，我們必須撫平這些讓我們失足的內在風暴，才能繼續向前，即使在蒙受龐大的損失之後。唯一能令我們安心的是，只要我們能緊守崗位，幾乎就能避免所有的損失。成功的專業交易員具備堅韌的耐心，他的自信心來自於他能從自己的莽撞失誤裡迅速恢復過來，而且絕不重蹈覆轍的決心，這股意志力造就他的成功。

然而即使是這樣的專業高手偶爾也會犯錯，但某些人就是比較容易犯錯。在這裡，我們能親自目睹物競天擇的演出——每一筆交易都有買賣的雙方，對於每一個贏家來說，就有一個輸家。達爾文為我們指出這個殘忍的事實。市場就是靠著永遠有輸的一方才能存續下去，每當有人嚴重虧損，就有人分享利益。每次你從交易裡賺錢，那是從另一個犯錯的當沖族身上賺來的。你剛好挑對正確的價位水準，另一個傢伙則失算或慢了一步，他的失策或魯莽使你獲利。

每當股價快速地朝某一個方向移動的時候，其背後的原因就是同時間有很多的買家及賣家都朝著同一方向做交易，而且成交量相當大。此刻的你就必須判斷何時會出現反轉，若想順著賣壓撈底，你最好挑對正確的底部，否則後果難以估計，而你的虧損將成為軋多賣家的獲利，或者是其他想減少虧損的輸家替死鬼。

相反地，若你選的底部正確，那就可以從這些放空賣家的身上得利，因為股價開始回升，但他們來不及回補。

　　這些跟你如何從錯誤中學習有甚麼關係呢？答案是若你發現自己是站在輸的這一邊，你就應該檢討自己是在哪裡犯錯，而且你也應該研究別人是在哪裡做下正確的決定。為了避免今後重蹈覆轍的可能，你必須從正反兩面來思考自己失敗的交易。

　　為了達到精益求精的目的，你必須檢討分析每一筆虧損的交易，反問自己為何會在那個價位做多或放空，同時找出別人為什麼不這麼做的原因。記住當日沖銷沒有什麼陰謀論存在的可能，你的電腦裡沒有什麼幻想的小精靈專門跟你作對。所謂跟你作對的小精靈就是另一個坐在電腦螢幕前，跟你交易同一支股票的當沖族而已，只是他交易的方向剛好和你相反，你們兩人之間只有一個是對的。

　　所有的當沖族都想要在最佳的價位進出，而你的工作就是做出正確的判斷。為了幫助你避免犯錯，我挑出三項交易員最容易搞混、犯錯的要點：

- 未能慎選交易的股票。
- 缺乏專注力。
- 沒有留意會影響市場的消息。

慎選交易的股票

關於慎選交易股票的問題，多數的初學者幾乎都搞不清楚方向。他們沒有目標，沒有依據，所以至今還摸索不出一套穩固的交易機制，他們不瞭解：你必須發展出一套交易機制，然後再根據這套機制來挑選適當的交易對象，這樣才能相得益彰。

同樣地，若你已經熟悉某支股票波動的節奏及幅度，而且能持續從中獲利，那麼你就應該挑選類似的股票，第十四章「如何簡化選股程序」將會進一步說明。

多數的初學者搞砸交易，主要是因為他們莽撞地嘗試不熟悉的股票，我知道這類的錯誤很難避免，因為你總要下水，才能學會游泳。

話是沒錯，但這不表示你可以不仔細觀察及挑選下水的地方，就縱身一躍而下。當我還是個菜鳥的時候，就常常磕個滿頭包。而我多數賠錢的股票是我前一天晚上挑好的股票，第二天則像個傻子似地上場交易。我應該對這些股票好好地研究一番，所謂的研究就是仔細觀察及分析很多天或好幾週的走勢。

最後我學會如何謹慎地控制我在交易新股票時的曝險，直到我對它們的走勢及節奏感覺有自信為止，在這之前我必須時時保持警惕，逐漸增加這些股票的交易次數及積極度。而如今我已經能成功交易之前許多讓我吃盡苦頭的股票，這就像小孩

子學會應付在操場上的鴨霸同學或學長一樣，要用智慧打敗他們。

我若發現一支與我主要交易的股票有很多相同特質的新股，我不會馬上就嘗試。我總是滿懷戒心，保持距離地觀察它，就像當我站在噴水池旁時，必須要先確認會欺負人的惡童有沒有躲在我的背後，我總是留意身旁的危險。

當我終於下定決心要試試水溫，我可能會等上一整天只做一筆賺個20美元的百股交易，同時繼續交易我平常已經熟悉的個股。

對待你不熟悉的個股，耐心尤其重要。千萬別一下子就拿它們來代替之前一直讓你虧錢的個股，你必須先摸清它們的底細才行。對付新股的方式就像面對恃強凌弱的惡棍，或者新指派的工作夥伴，或者第一次約會的對象般地小心翼翼。

仔細研究過的新股，最後也有可能不適合做為當沖交易的對象，這也是為什麼一剛開始你必須大幅限縮你的曝險。選股是許多當沖族容易犯錯的競技場，當你踏上時，千萬要小心謹慎，同志們！

專注是致勝的唯一法門

缺乏專注力是初學者常見的另一個弱點，在被灼傷好幾次之後，培養強大專注力的需要就會深深地烙印在當沖族的心

裡。最常見的例子是交易員只離開座位不到幾分鐘的時間，可能只是做個充飢的三明治或者是上個廁所而已，等到他回到座位時，才發現股票竟然暴跌了。

　　如圖 12.1，在下午一點半以前，股價一直呈現狹幅震盪，接著就迅速突破區間向下急墜。若你不盯著這快速的突破，你可能就要虧大了，它在幾分鐘之內，猛然下跌 2 美元。

　　你不是有設停損嗎？這是真的，但是很多最佳的交易時機發生在你屁股黏在椅子上，耐心等待獲利出場點的時候出現。

圖12.1　30分鐘走勢圖：突破

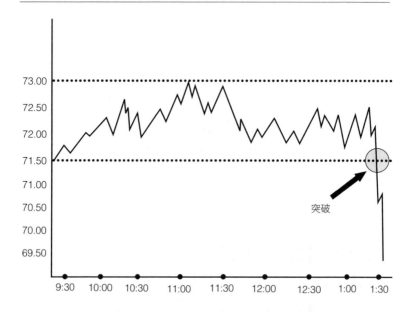

不是所有的交易都應該設定為自動獲利了結或認賠停損。有時候你應該手動執行出場，因為根本來不及設定停損或停利出場單，每一筆交易耗時幾分鐘，有時候股價根本不會觸及你設定的出場價，所以你必須親自坐在那裡盯著，以方便隨時調整。

若你不是提前結束這筆交易，就得仔細盯著，一秒都不得離開！不過會有各種的心理干擾試圖破壞你的專注，例如和你心愛的親友說話，在另一個螢幕瀏覽你的電子郵件，或者只是打個盹兒……，所有會令人分神的行動都會打擾你的專注力。

當你在線上交易時，基本上應該像打坐冥想，這一點都不誇張，我是認真的。你應該完全沈浸其中，你的心境應該與你的交易維持密切同步的節奏。每一秒鐘螢幕上的買賣報價表及每分鐘、每五分鐘及十五分鐘的分時走勢圖都顯示著即時交易的資訊。這些資訊像在對你說話，而你必須專心聆聽，你不能漏掉你們對話之間的任何一個音節。

我之前常常在幾分鐘之後就失去我的專心，結果是為此付出昂貴的代價。當時我買的股票在狹幅區間盤整，我感覺有些無聊，腦筋開始胡思亂想，我想休息個五分鐘，走到廚房去，打了通電話，當我回到螢幕前，發現股價一度跳漲2美元，現在又回到之前的狹幅裡繼續盤整。只是因為我不夠專心，就這樣讓一個賺錢的大好機會從眼前溜走，就像有人親自捧著大把鈔票送上門，我卻不在家。

從圖12.2可以看到，整個上午股價一直在70到71.50美元之間波動，而後突破狹幅一口氣跳漲2美元，然後在五分鐘之內又回到原來的區間。

缺乏專注力會對當沖族造成嚴重傷害，幾乎就像戰場上的士兵會因缺乏警戒而被射殺般地致命。你應該將這個問題視為是自我雇用的陷阱，因為不再會有老闆在你耳邊嘮叨、咆哮，讓你不敢放鬆或怠惰，你必須記住你是在工作。你所面臨的挑戰就是維持一貫的專注，因為現場沒有別人會逼你。

圖12.2　30分鐘走勢圖：回檔

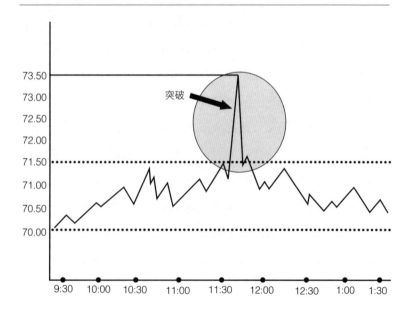

注意影響市場的新聞

不注意影響市場的新聞也會對你的交易造成不可彌補的傷害。你可能每天都交易某支股票，而它也一直維持固定的節奏波動，但是突然間傳出一些企業消息，或者是重要的市場新聞，股價就快速地朝某個方向波動，你最好希望它不要跟你的交易作對。

你必須為這種情勢做好準備。

當美國聯邦儲備理事會宣布利率調整時，你就必須留神。當我還是個新手時，甚至不知道聯邦儲備理事會對市場有多大的影響。即使我在大學唸的是商學院，卻一點概念也沒有。當時我正在交易，而聯邦儲備理事會宣布它的利率決策，突然間整個市場像發狂似地持續將近一個小時。不管我交易哪一支股票都是巨幅波動，每一筆交易都讓我很快地停損或獲利出場。

財務報告也是另一個會劇烈影響市場的新聞。若你交易的股票將在當天收盤後或明天開盤前公布當季財務報告，你都會看到股價波動異常，股價的走勢非常難以預料及解讀，另外產業龍頭股的財報消息也會直接影響你交易的個股。比方說，你正在交易一家中型軟體公司的股票，而微軟在此時公布季報。你交易的股票很可能就會受到微軟季報的影響，而你的股票可能會狂漲，也可能會暴跌。

　　有些新聞則完全不必予以理會。當新聞成為影響股價波動的主要原因時，你千萬不要進場交易，而是應該退場觀察，等到股價波動較為和緩之後再說，否則你很容易就被波動的巨浪吞噬。

　　不知道你是否曾經見過這種場面，當有重大消息曝光後，股價在五分鐘內飆漲百分之十。舉例來說，原本50美元的股票一下子漲到55美元，而在接下來的四分鐘又拉回到51美元附近，你很容易在這種狂濤巨浪之中滅頂，讓你的頭髮迅速變成灰白。明知如此，又何苦嘗試呢？

　　至於當沖族要如何面對所有的新聞與消息，我會在第十五章「新聞只是不相關的噪音」仔細說明。

　　千萬要記得，你最寶貴的教訓來自於自己犯的錯誤。在這一章裡，我提到幾個常見的錯誤，但你必須自己察覺正在犯的錯誤，由你自己來解決。你的錯誤將是非常昂貴的教訓，一定要記住這一點，千萬別輕忽了。如果你無法從自己的錯誤中學習，你將成為經常犯錯、倒楣虧錢的當沖族。

當沖心法

- 在交易時,千萬別讓你的視線離開電腦螢幕。

- 記錄自己所犯的每一個錯誤。

- 犯錯就是把錢送給別人,瞭解別人如何做出對的決定。

- 集中精神,克服你的習性。

- 別忽視自己的錯誤,從錯誤中學習成長。

第十三章

整天維持一致的交易方式

再也沒有比這更糟的事了！——那就是持續一整天順利的交易突然在最後的十分鐘豬羊變色，虧得一點不剩。如果說這樣的夢魘還有什麼可取之處的話，那就是很容易找出其中的原因。可能的原因相當簡單：你違背原本堅持一致的交易方式。

我瞭解，因為我也曾犯過這種錯誤！

連續好幾筆虧損很大的交易都發生在交易即將結束的時刻，讓我赫然驚醒，體悟到維持一貫交易方式的重要性。現在，拿一支魔術簽字筆及海報紙來，寫下一個大大的標語：

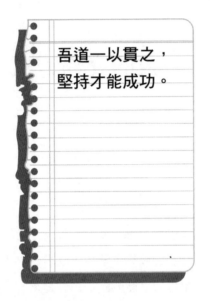

吾道一以貫之，
堅持才能成功。

將這個標語貼在螢幕上方的牆壁上。

當我的技巧逐漸提升到專業當沖客的水準時，我每天固定以一百股交易幾支經過精心挑選的股票，例如美國大都會人壽、百事可樂及亞馬遜網路書店。每一支股票，我都用一分鐘走勢圖來觀察，每當它們觸及支撐或阻力水準時，我就會進場作多或放空，每筆交易只試圖賺10到20美元，也就是波動10到20美分就出場。

在多數時間，這些股票出現拉回走勢時，我就獲利了結或回補空單賺個10到20美元。我整天都維持這種交易方式，我不會嘗試買進兩百或五百股，堅持以一百股做交易。如果一筆交易可能讓我虧損超過25美元，我會立刻停損出場，這套方

式似乎經過千錘百鍊，經得起考驗，在當時也的確是。

你可以想見，我偶爾會想試試新花樣，換條回家的路，可是一閒逛就踩進地雷區，結果是四十筆完美交易所賺的錢在短短時間內全部賠光。我知道會有這樣的下場，雖然心知肚明，卻不想面對這樣的結果。

當我一直以一百股進行交易，有時會變得焦躁不安及過度自信，然後我買進兩百股，甚至五百股。由於之前的交易都順利獲利，使我的信心十足，因而脫離原本只以一百股交易的方式。

每次這麼做的時候，股價走勢就跟我作對，接下來我又**抓著**部位不放，因為跌勢很快就讓我的虧損超過20美元，似乎沒有轉圜的餘地，畏懼又在此刻出來攪局。我估計自己可以**持股**到股價回到平盤時再脫手，但它幾乎是一去不回頭，即使每股已經讓我虧掉1美元，我還是**抱股不放**，那等於是500美元的虧損。

所以，今天我基本上算是一路順風地向上爬，但是在日落西山時，卻摔死在峽谷裡。我以一百股為單位，完成四十筆平均賺10到12美元的交易，差不多賺到500美元，卻輕易賠掉，造成這種悲劇的是一筆讓我每股賠1美元的交易！

為了擺脫這個可怕情勢，我只能賣掉五百股來停損，至少讓今天的收支打平。

不管我的損失金額有多少，至少有一件好事慢慢地浮現

了，那就是我逐漸發展出一套綜合各種策略的一貫做法。我持續地修正我的錯誤，這就是朝正確方向邁出的第一步。我首先學會停止**持股**過夜的行為，接下來的是在一天的交易結束時運用停損，在這樣的過程中，我慢慢修煉成一個如假包換、專業的當沖客，即使全身傷痕累累。

我希望你停留在正確的軌道上，而且記住這一點：多數的業餘當沖族會想盡各種理由及藉口來**留住**一個虧錢的部位，特別是留著過夜。千萬別再犯這樣的錯誤，雖然說這是初學者必須經歷的第一堂課，也是最重要的一堂課。

所以，再做一個標題，掛在你的桌子附近，字體要大且明顯，與你的視線平行：

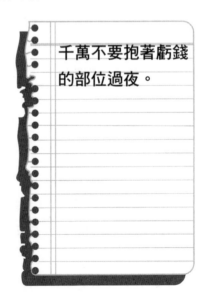

千萬不要抱著虧錢
的部位過夜。

除非你不會再犯這樣的錯誤，否則千萬不能把它撕下來。拿下來之後，可以把它交給你住在同一條街上的姪子，他上週才剛開始學習當沖交易。除非你能嚴格遵守，否則別把它交給你的姪子，因為**堅持抱股**所蘊含的不確定性極其巨大。除了**持股過夜**之外，你必須學會認賠停損，繼續尋找下一個賺錢的機會。

在一天的交易結束前，你一定要賣光所有的部位，若你能堅守這些原則，你就離成為一個成功的當沖客更近一步。

這聽起來似乎相當容易，不是嗎？是嘛！你要注意，要能堅持當沖原則任何一項的做法都是非常困難的，而且這個問題也等於是你能否把持及掌握自己。堅持一貫的做法……，絕不喜新厭舊……，或許對某些人來說是很簡單啦！全心全意地堅持一種方法或完全討厭風險的人才能將損失減到最低，但你或許是個容易三心二意、心猿意馬及喜歡冒險嘗鮮的平凡人，誘惑及貪婪就像飢餓及慾望在你的內心裡不斷啃噬你的堅持。

我知道它像是內外夾攻的煎熬，一方面必須克制自己，另一方面又必須瞭解市場。我很快地又認清一件事實，除了我能整日以一百或兩百股交易賺錢之外，關鍵不在於交易股數的多寡，而是市場曝險的大小。兩百股交易曝險的程度是一百股交易的兩倍，也就是說當我習慣以一百股交易虧損20美元，同樣的跌幅在以兩百股交易時，虧損就會倍增至40美元。

每位交易員都根據個人對風險的容忍程度來設定停損，而

我也不是堅持我個人的做法：一百股最多虧損20美元，兩百股虧損40美元適用於每個人。我強調的是堅持一個行得通的做法。

　　舉例來說，若你以固定的百分比來設定停損或停利也是一樣可行。讓我們以百分之五來設定停損，以百分之十來設定停利。若你買進一百股10美元的股票，當股價觸及9.50美元或11美元就可以賣出。

　　這麼做就是要讓你養成對停損及停利的容忍度習慣，然後一直堅持這樣的做法。以前例而言，若股價跌至9.50美元，你的交易損失就是50美元，但若上漲的話，就可以獲利100美元。

　　接下來就是堅持這樣的做法，不要做任何更動。比方說，你已習慣交易10美元價位的股票，就一直維持交易10美元價位附近的股票，而且也都是交易一百股，這麼做的話，你就不會掉入一個測試風險容忍度的情境中，你會想避免這種讓人神經緊繃的局面，尤其是在一天的交易當中。

　　以下是一個讓人緊張到想拔光頭髮的當沖交易案例。你在完成七筆獲利、八筆停損的交易之後，當天還淨賺300美元（700美元的獲利扣掉400美元虧損）。但你突然想換30美元價位的股票操作，投入的金額是平常交易的三倍，而虧損的容忍度也大幅擴增至150美元，獲利空間增加到300美元。

　　從表面上來說，這樣的做法似乎維持一貫的交易方式，仔

細深究卻不是如此。當你交易10美元的個股,你習慣50美元的停損及100美元獲利;當你改為交易30美元的股票,虧損及獲利的空間就擴大三倍。我可以向你保證,你設定的獲利及停損價位將很難觸及,而且你會被誘惑改變你的出場點。任何的迂迴做法都違背你原先的堅持,一旦喪失了你的堅持,你的交易就會遭殃。

堅持一貫不只是習慣的力量,或固守某種型態的原則而已,它也與維持一整天的自信水準有關。若你維持一貫的做法,比較不會陷入焦躁不安、危險誘惑的陷阱。你可以選擇想要交易的股票,預備好停損及獲利的機制,也可以交易各種股票,只要不過度曝險即可。成功的關鍵是,不管你採用哪一種交易的方式,一定要維持整天一貫的方式。

當沖心法

- 找到適合自己的風險容忍度，據以調整停損及停利的機制。

- 維持整天一貫的交易方式。

- 絕對禁止**留著**虧損的部位過夜。

第十四章

如何簡化選股程序

　　千萬注意！別讀了這一章，就認為這已經涵蓋你所需要的全部知識。這一章只是教你如何選股，不是如何交易股票。同樣地，許多初學者認為選股策略就是包生金蛋的金鵝。有人可能只是翻翻目錄，就直接跳過前面的內容，想直接從這裡讀起，這些都是錯誤的想法。

　　相信我！你必須讀完整本書。選股只是當沖交易技巧中的一小部分而已。在你繼續讀下去之前，我要你知道，就算你選對股也不代表你可以安全地以一百股以上的股票進行交易。

　　好消息是，選股只是你遭遇的阻礙中最容易克服的一個。只要有定義清楚的指標及條件，為當沖交易挑選好的標的是輕而易舉的。可以信賴的分析就會帶來好的結果，而且會讓過程順利，我列舉六項基本的標準：

- 最近三個月每日成交量至少維持在一百萬股以上。
- 股價在10到100美元之間。
- 每日盤中波幅有足夠的交易空間。
- 不會受到聯邦法規影響。
- 避開受到當天頭條新聞影響的個股。
- 避開短期內有可能申請破產倒閉的公司。

根據上述標準來篩選，你可以找到很多股票列入你的觀察名單。具備上述觀念，你就知道如何輕鬆明智地選股。

遵守這些規則會帶來兩種好處。第一點是這些標準幫你過濾掉那些高風險、碰不得的股票，以及不適合當沖交易的股票。最重要的是第二點，當你謹守這些審慎的標準選股，等於是確保你維持一貫交易系統的一環。試想一下，如果你經常改變你的選股方式，整體的交易風格也會跟著改變。我屢次強調「改變」對當沖交易並不好。

你在看過這些標準之後，心中可能會有疑問：為什麼沒有每股盈餘、業績成長率或其他基本面的條件呢？要記得你並不是個投資者，而是做個當沖客，也就是說你絕不**抱著**你的部位過夜。你沒有必要陷入那些長期投資者的煩惱。你所要關心的只是：什麼會影響個股當天的表現。

讓我們來一一檢驗這些標準。

最近三個月每日成交量至少維持在一百萬股以上

最近三個月的每日平均成交股數至少要在百萬股以上，這是最重要的條件。你要仔細確認這支股票最近三個月的每日平均成交量在百萬以上。如果只有一天的成交量突破百萬股，那只是浮光掠影而已，有可能只是當天的成交量特別突出。

你要找的股票是每天持續交易的標的，所以需要每天有足夠的成交量。你可以攤開三個月的圖形來檢查一下它的每日成交量是否都固定維持在一百萬股以上。

如果沒有的話，就忘了它！將它拋諸腦後吧。

不管這家公司是否即將推出又酷又炫的新產品，或者《華爾街日報》最近對它有什麼評論。這些通通不管，直到它最近三個月的日成交量有達到我們的最低要求再說。你也可以仔細想一下，如果這家公司那麼棒，為什麼它的成交量那麼低？成交量低代表市場對它的興趣也低，你要交易的個股必須是市場對它有濃厚興趣的，所以至少要有每天一百萬股的成交量，成交量高代表它的市場流通性高。流通性是交易活動或買賣興趣的指標，流通性愈高也代表市場主力比較難操縱。

市場主力或造市者是指在市場上針對某些股票進行大量買賣交易的人物或集團，而市價低於1美元的仙股最常見到這種操縱股價的行為。我也要強調仙股交易的風險非常高。稍微想一下就可以理解，因為不必花太多的錢就可以買進一大筆的仙

股。仙股的成交量很容易就突破一百萬股，如果每股只要20美分，手中握有20萬美元的市場主力就可以控制一百萬股的成交量，但是它實際的流通性卻很低。若你帶著5,000美元現金進場，我可以向你保證，這些市場作手會故意跟你對作，從你的虧損裡獲利。這也是為什麼你會看到低價股（包括仙股及低於10美元的股票）盤中波幅會大到百分之二十五，甚至到百分之百，這都是市場主力在幕後為自己的利益相互角力。

我給你們的建議就是：別拿仙股做為當沖交易的標的。

如果你有一拖拉庫卡車的錢可以揮霍，當然，隨你的高興！大概每二十支仙股中有一支能賺錢，但你真的想嘗試這麼微薄的機會嗎？這跟賭博又有什麼兩樣！

總之，我的目的就是要你避開成交量不足的個股，或者是成交量雖高，但股價太低的股票。市場對這些股票的興趣並不高，若連華爾街都興趣缺缺的話，那你也不應該涉入。除非你擁有連華爾街都不知道的內幕消息，果真如此，我只能說祝你好運。

股價在10到100美元之間

你挑選的股票股價一定要在10到100美元之間。股價在10美元以上，通常顯示一家公司的健全程度，而且有不錯的市場流動性。多數股價在10美元左右的企業都有不錯的業績表

現，不像那些低價股，股價波動不會過於激烈。舉例來說，你不太需要擔心它會在一天之內跌掉四分之一的市值。

另一方面，股價超過100美元的股票波動性過高，而且拉回的可能性高，即使只交易一百股，還是會過度曝險。我建議你在技術還不夠純熟之際，別去碰100美元以上的高價股。

股價介於10到100美元之間的股票，盤中波動的形態較為穩定，你會發現股價在10到30美元之間的股票，全天的波幅在50美分之內，每十到三十分鐘的波幅為10美分左右。若想選擇波動節奏較快的股票，可以挑選股價介於50到100美元之間，一天之內的平均波幅約為3美元，不到一分鐘的時間就有50美分的波幅。

第十九章「階段性訓練交易技巧」將會更進一步地討論如何面對不同價位的股票。現階段只要記住一點：千萬別把股價低於10美元或超過100美元的股票加到你的觀察名單裡。

每日盤中波幅有足夠的交易空間

盤中平均波幅必須有足夠的交易空間，這一點由圖形分析來看十分明顯。你必須花時間努力研究這些股票盤中走勢的圖形，你必須能讀取即時市場交易資料庫，比方說至少能提供最近三個交易日的五分鐘走勢圖。

　　提出這個問題的目的是，希望能找出盤中走勢呈現來回震盪的個股，最好能在阻力與支撐之間不斷來回測試，波動的次數愈多愈好。而盤中走勢幾乎呈現停滯，一整天只有小幅的橫向整理的個股並不適合做為當沖的對象。

　　然而，你不必過於拘泥這個原則，簡單地說就是避開那些個股圖形看起來猶如心臟停止跳動的心電圖。永遠記住這一點：若盤中股價不震盪，你就沒有機會賺錢。

　　圖14.1顯示股價在三天的時間內在3美元的區間裡來回震盪，不斷地在阻力及支撐水準之間波動。

圖14.1　五分鐘走勢圖

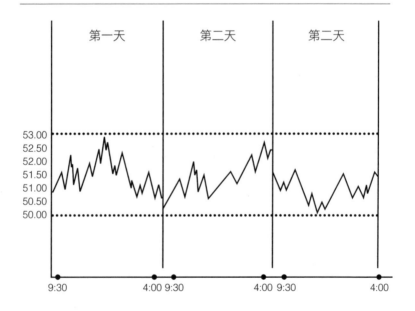

不會受到聯邦法規影響

你不會想交易那些直接受到政府法規影響的類股，製藥及生化科技公司都是最明顯的例子。某些企業的產品銷售會受到政府嚴格的法規限制，這也是不適合當沖的股票，例如製藥及生化科技公司推出新產品之前，必須獲得美國食品暨藥物管理局的核准，這就是最佳的寫照。

若你正在交易這類股票，盤中突然傳出美國食品暨藥物管理局決定進行更多測試，延後新產品上市核可的消息，我可以向你保證，股票下跌的速度會讓你瞬間變成鬥雞眼。

你應該挑選那些銷售穩定的消費性商品企業，例如：

- 沃爾瑪（Wall-Mart）及亞馬遜網路書店等零售業者。
- 百事可樂及百威啤酒等飲料釀造公司。
- 高通（Qualcomm）及微軟等科技公司[1]。

另一個應該閃躲的對象是與購併有關的股票，不管是購併者或者是被收購的對象，它們的股價波動有時會變得異常劇烈，有時則是平盤整理。在購併的過程中，通常必須通過好幾道政府或法規的審查，你最好不要置身其中。

---

[1] 譯者註：高通是一家擁有第三代行動通訊基本技術碼分多址（CDMA）專利的科技公司。

避開受到當天頭條新聞影響的個股

不要挑選會受到當天頭條新聞直接影響的個股。你要如何知曉呢？當然只能靠傳統紮實的研究方法。你可以光由閱讀新聞頭條就知道很多相關訊息。相信我！沒有消息就是好消息。

在下一章「新聞只是不相關的噪音」裡，你會瞭解有時候新聞只是讓人分神及造成誤解。我並不是指所有的新聞都是粗製濫造，我只是強調有時候太多的新聞只會造成一團不確定的迷霧。

而不確定性通常會導致莫名而危險的劇烈波動。

你要如何解讀這些新聞？仔細閱讀新聞報導，看看裡面是否提到你正準備交易的股票。如果你注意到有好幾條新聞都提到某個特定日期，而當天並不是季報發表日，暫時避開它。在那天來臨之前，它的股價可能難以預測，暫時將它從你的觀察名單中移開，可以讓你避開頭疼的麻煩。

若這支股票是你一直交易得很順的個股，而它好巧不巧地因為某件即將發生的事情而出現在頭條新聞上，那你就要留神。如果你覺得非得交易這支股票，而不只是禁不起誘惑的話，至少在事件當天及前一天不要交易它，沒有人會想在重大新聞公布前還留在市場上。若你認為自己能準確預測股價在重大新聞公布後的正確走向，那你是在賭博，而不是在做當沖交易。

避開短期內有可能申請破產倒閉的公司

不要碰那些可能在短期內申請破產的公司股票。什麼！為什麼？誰會想投資一家已經申請破產保護，或即將申請的公司？答案可能會嚇死你，有一堆膽大包天的當沖客（或許賭徒還更適合稱呼他們）專門挑這些申請重整的企業，就像專吃腐肉的禿鷹一樣，他們也交易那些市價只剩下不到1美元的仙股。我之前警告過你，交易仙股的風險實在太大了。

他們也有自己的一套說詞，但我認為那太天真了：他們認為自己是撿到便宜，以極低的價格買進，然後**持有**。他們抱持極度的樂觀，期待公司重整再生，由虧轉盈，屆時脫手就能大撈一筆。但你記得嗎？我們是當沖客，我們絕不**持股**過夜。你真的想嘗試那些在盤中或隔夜可能一下子跌掉一半的股票嗎？當然不要囉！

千萬要遠離任何在短期內有破產風險的公司股票。

現在你已經有一套可靠的選股機制，可以開始進行當沖交易。我建議你在三種不同價位的區段中，各自挑選五支股票，10到30美元之間選五支，30到50美元之間選五支，50到100美元之間也選五支。將這十五支股票列入你的觀察名單之後，就可以仔細地觀察、研究它們，最後當然是交易它們。

當沖心法

- 即使你挑選的股票很棒，增加交易股數時，也不能掉以輕心。

- 先挑在過去三個月裡每日交易量維持在一百萬股以上的股票。

- 絕對不碰市價1美元以下的仙股。

- 只挑股價介於10到100美元之間的股票。

- 不要理會盤中走勢奄奄一息的股票。

- 避開公司營運及銷售受到政府法規嚴重影響的股票。

- 公司重大消息公布之前，避免交易這些股票。

- 千萬遠離可能破產的公司股票。

- 讀完本書之前，千萬不要進場交易。

第十五章

新聞只是不相關的噪音

做為當沖族，我們只需要注意會直接影響當日交易股票的新聞而已。這次也要製作一張海報標語：

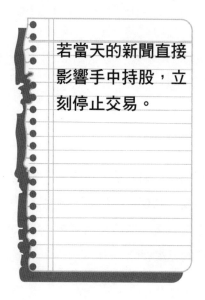

若當天的新聞直接影響手中持股，立刻停止交易。

留意會影響手中股票的新聞很簡單，耳朵也留神注意就行。弔詭的是，如何分辨哪些會造成影響，哪些則是不會影響交易的新聞。某些類別的新聞會造成盤中股價劇烈波動，甚至包括盤前及盤後交易的走勢，這類新聞自然得注意聆聽。

下列新聞，若與你的股票有關，你一定得注意關心：

- 業績報告。
- 聯邦儲備理事會調整利率。
- 核心產品的問題。
- 購併傳聞。
- 集體訴訟。
- 破產宣告。
- 職員罷工威脅。
- 執行長辭職下台。
- 來自政府的干預。
- 主要競爭對手的進展。

如果你漏掉上述新聞的話，對接下來突如其來的雲霄飛車走勢就會措手不及。記住，這類新聞發生之前，都不會有任何事前警訊。當它發生後，你仍茫然無知，那你進行的交易很可能遭到突如其來的巨浪吞噬。

　　相反地，你也必須對一些無關痛癢的噪音充耳不聞，太多股票相關的蜚語流言可能會打破你日常作息的節奏，對你下決定的過程造成負面影響。這些嘈雜的聲音多數並不會直接影響股票當天的走勢。

　　或許你正在交易某支股票，空中傳來一些討論這家公司的聲音，結果是對這家公司成長前景正反兩方不同意見的辯論。端視乎你聽進去多少內容，你可能會被其中一方的意見說服。這些噪音與盤中走勢無關，但你盤中交易時一貫的節奏卻被打破。

　　要學會篩選新聞的技巧是相當困難的，由於你只是剛入行的初學者，很容易被影響而分心。你必須學會分辨哪些新聞會直接傷害你的交易，哪些新聞是可以置之不理的噪音。

　　我幾乎完全不聽任何分析師的推薦，因為我們不是在做投資，身為當沖族的我們根本不必理會這家公司三個月後的股價展望。

　　不過，你必須牢記上述幾種重要新聞類別，這些重要新聞一發布會直接影響你的股票，不過你所交易的股票不應該因為這些新聞而受到衝擊（如果會的話，表示你選到一些壞股票，經常受到新聞影響的股票不應該出現在你的觀察名單上。請複習第十四章所主張的選股原則）。

　　而其中最佳的例子就是華盛頓互惠銀行[1]在二〇〇八年底即將被摩根大通銀行清算收購的那幾個月。報紙上幾乎每天都有討論它未來去向的報導，每當有分析師的預測透過即時新聞網公布，股價就會劇烈震盪，尤其是來自美林證券及摩根大通銀行的分析師。若你想在如此嘈雜不安的環境下，預測股價的走勢，進行當沖交易的話，你肯定會發瘋的。為什麼要這樣對待自己呢？為何單戀一支花？

　　市場上有幾千支股票可以任你挑選。我強調的是，不要交易那些每天隨著新聞起舞的股票，盡量挑選一些新聞敏感度低的股票。

跟隨新聞炒作與留意新聞的區別

　　即使你已經挑選一些適合當沖的好股票，也不要趁著新聞熱潮炒作，而應該留意何時會有與這些股票相關的即時新聞出現，你總不會想在交易時遇上壞消息吧？

---

[1] 譯者註：華盛頓互惠銀行是華盛頓互惠公司旗下的銀行事業單位，在2008年9月25日被美國聯邦存款保險公司強制接管之前，它是全美最大的儲蓄銀行，「由於它的流動性不足，無法滿足公司債務的支付要求，導致該行不能安全、穩定地進行業務」，為保障存款人的權益，美國聯邦存款保險公司強制介入，以19億美元的超低價格售予摩根大根銀行。這是美國有史以來最大的銀行倒閉案。

有一些方法可以讓你在股市中趨吉避凶。我在交易時，身旁一定有著CNBC商業新聞頻道。我也必須警告你，CNBC播報重大新聞時，華爾街在幾分鐘前就已獲知，你可以藉此衡量華爾街對此新聞的看法及反應。我發現像MarketWire這類的即時新聞服務既快速也準確。

除非你跟某些企業的公關主管有特別親密的關係，你必須訂閱這類即時新聞服務，可以根據自己的需求，篩選你想知道的訊息。

我之前提醒你必須注意的重要新聞種類中，有很多可能是你平常很少會聽到的，但其中有一項卻是你必須經常注意的：那就是定期公布的企業財報。公布的日期都是事先宣布的，所以你必須事前記錄做好準備。企業財報每季必須公開揭露，你很容易就可以找到相關的資訊。在美國雅虎金融網頁，先點選新聞，再點選美國企業獲利（U.S. Earnings）頁面，再輸入股票代碼，就可以找到當季公司財報預定的公布日期。熟記這些日期，就像自己的生日一樣，在日曆上作記號，並且避開它。再做一個標語貼在牆上：

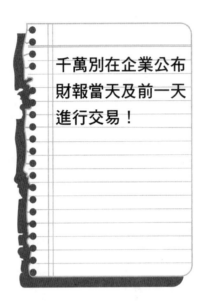

千萬別在企業公布財報當天及前一天進行交易！

我可以保證在那兩天裡，交易會變得極為困難，成交量及走勢都會變得極不尋常，波幅震盪的走勢也超乎預期。別想駕馭這種雲霄飛車的走勢。暫停交易這支股票一兩天，在業績公布的當天及前一天，你應該有別支股票可以交易。當你袖手旁觀之時，更有機會等到股價大幅跳空上漲或下跌的缺口。

讓我們回到清單上的其他重大新聞，它們並不經常出現，一旦發生時，你根本來不及事前準備。若新聞是在盤中出現，而且立即對股價造成影響，你應該立即停止交易這支股票，儘速結清部位，即使損失也在所不惜。因為它跌落的速度可能是平常的十倍以上，只在短短的幾秒以內。就像面對財報公布一樣，為了避免意外，當天就不要再交易該支股票。

跟隨新聞炒作的風險是相當高的，而且後果難以預料。對於初學者來說，很容易以為新聞是股價走向的領先指標。若某個分析師對外宣布利多的評論：某支股票未來會漲到某某價位，經驗不足的新手很可能會被牽著鼻子走。

不！千萬不行！

你應該將這類新聞視為評估工具，而不是指引方向的指標，不然你就會犯下跟隨新聞炒作的錯誤。而指引股價方向的唯一指標就是你眼前的分時走勢圖，只有明顯干預當日盤中股價的新聞才值得注意。

能夠收聽及閱讀即時新聞是一項非常有用的工具，但是也請記得它也只是工具而已。當企業財報透過即時新聞公布時，你應該馬上得知，而股價走勢會變得狂亂不羈。除了業績與之前提醒的幾項重要新聞之外，其他的新聞你應該視為外界永不停止的紛擾及噪音。

當沖心法

- 學會分辨哪些是會影響交易的新聞，哪些只是噪音。

- 永遠都要記得你交易股票的業績公布預定日。

- 在企業公布財報的當天及前一天，暫停交易那支股票。

- 若新聞是在盤中公布，而且影響到你正在交易的股票，立刻結清部位，當天不再交易該支股票。

第四部分　訓練課程的真相

第四部分的目的在於協助初學者挑選一個適合程度的訓練課程，我會逐一分析這些訓練課程的優缺點。而我的終極目標就是要讓你瞭解，即使你參加過某個訓練課程，你仍然還有很多尚待學習之事，我要強調的是別對這些課程期望太深。

但是，這一部分也不只是針對初學者而已，即使是已經有一些經驗的新手，我也指出一些有用的途徑，讓他們不再多繞冤枉路，而能從中習得精髓。

最重要的是，我將在這一部分詳細介紹以交易股數計算手續費的券商，他們與以交易次數計算手續費的券商的差別，肯定讓你眼界大開。

另外，第十八章「善用紙上模擬練習」及第十九章「階段性訓練交易技巧」將會提供你精闢的練習技巧。

第十六章

有關訓練課程的真相

　　當我還在加州聖地牙哥州立大學攻讀企管行銷學位的時候，就已經踏出當沖生涯的第一步。除了厚厚的教科書之外，我也收藏不少有關當沖的書籍。每當有人問我要甚麼生日禮物或耶誕禮物的時候，我總是要求更多這方面的書籍。

　　在那段時期，我也參加過好幾個當沖訓練講習營。我每到一處就積極地尋求當沖的相關知識，而我和任何人說話，總是不到兩三句，很快地就提到當沖，成為我們討論的主題。

　　但是我發現專業的顧問講師嚴重短缺。我認識幾位在證券業工作的朋友，他們都沒有從事當沖的經驗，但是他們提供的建議讓我對股票市場有更深一層的認識。

　　在我努力掙扎，企圖擺脫菜鳥階段的過程中，我發現到，雖然當沖講習營及學校課程確實教導一些不錯的策略及交易方法，但實際上，讓我學習最多的卻是親身的交易經驗以及朋友提供的這些建議。所以很明顯的，真正的教育是我用自己的錢

親自進場交易學來的。

不過，請別誤會，我不是建議你不要參加任何的訓練課程或講習營，當你還是個徹頭徹尾的門外漢。菜鳥新手需要結構完整的指導，這就是那些講師所能提供的。不過，我還是要警告你，只有透過實際的經驗才能讓你養成堅持一貫的交易風格。

現在我要表達一些對於訓練課程的個人看法。坊間關於當沖訓練的課程基本上分為兩種，一種是針對門外漢，另一種則是針對已經有點經驗，但技巧不夠純熟，上不了大聯盟的見習生，有點類似專人指導的研習營。我先從針對門外漢的講習營開始談起。

新手適用的講習營

對於參加講習營，必須考慮的第一件事就是貴死人的學費，以及你要如何籌措這筆經費。當沖訓練講習營都是先收錢再上課，上完課之後，你就得完全靠自己。他們也不會在課程結束後雇用你，或在他們的交易大廳裡為你安排一個位子；有的甚至連真正的交易廳都沒有。他們也沒有自己專屬的交易軟體，為了賺錢，他們教你一些交易策略及市場知識，課程結束後，他們就把你丟向狼群。

如果你賠得很慘，對他們來說是無關痛癢，反之你若賺大錢，他們也沒有任何損失。總之，出了教室大門，他們就不管你的死活了。如果你能找到一家保證賠償你結業後損失的訓練課程，那就是大新聞了。

但是做為一個道道地地的初學者，你需要獲得一些指點，講習營似乎是你的必經之路。當然啦！除非你有個堪稱專業當沖客的好友，願意像聖人般耐心地指導你，願意以一首歌來交換這一切的指導，那就另當別論。

或許你就跟大多數的新手一樣，沒有這樣的好運。所以你只好乖乖地付錢上課學東西。

為了讓你辛苦賺得的學費能夠物超所值，你最好在付錢之前，先問幾個問題，以便找到夠格適合的課程。例如他們是否在市場正常交易時間上課，如果是的話，你就可以在上課時見識到他們教的方法是否經得起市場考驗；而且你不會希望為你上課的講師沒有實際當沖交易的經驗。確認講師是個積極從事當沖的交易員，除非你能確認他們是如假包換的當沖客，否則不要報名繳費。在這一節討論結束之前，你會有一份可以參考的問題表。

當我剛開始起步的時候，我參加過幾個訓練課程。至於參加課程的優缺點，你馬上就可以知道。以下是你可以納入考量的幾個重點：

優點：

- 在一個結構紮實，步調緊湊的環境下，學習他們獨特的交易方法。
- 訓練有素的教員會回答你所有的問題。
- 你會有實際市場操作的機會。

缺點：

- 學費非常昂貴，從1,000到7,000美元不等，而且沒有提供任何保證。
- 上課時間非常有限，最多只有一週。
- 這些課程不會教你如何透過以交易股數計算手續費的券商做交易。

從表面來看，這些優點挺不錯的，你可以得到一些實際的訓練。他們會教你如何運用他們的系統做交易，也會教你如何判讀圖形。他們將華爾街的那一套知識全部塞進你的腦子裡，而你似乎就學會了一些專業的交易策略。

多數的訓練課程都會限制上課人數，每個班級至少有兩位講師（但不見得是專業的當沖客），班級人數從十人到二十人不等。你會覺得可以得到某種程度的關注及照料，這的確是，因為這是他們的賣點之一——小班制教學。

如前所言，多數的訓練課程都將部分的市場交易時間安排在課堂時間內。剛開始一兩天，他們會教你如何操作及使用他們的系統。在你學會之後，你就可以實際嘗試看看。通常他們會教你挑一支適合他們系統的股票，然後讓你進行紙上模擬，或者用類似大富翁遊戲的玩具鈔票在他們的示範軟體上進行交易。

他們會站在你的肩頭後方，一步一步地引導你，確保你能正確地運用系統。

目前看起來，一切都很順利，很棒。

但是，讓我們來討論一下這麼做的缺點。

學費昂貴是第一個明顯的負面因素。如果這些課程的學費對你來說難以負擔，那你應該暫且緩一緩，因為它不值得你付出太大的代價。等到你手頭較為寬裕，再付現或刷卡去一探究竟。你要小心謹慎，瞭解它的極限，就像你選擇大學一樣，它是一項投資，關鍵是做出正確的選擇，因為它的成本相當於州立大學一個學期的學費。

你或許會認為這一切都是值得的，因為所學的東西很快就會為你賺大錢，難道那些業務代表不是這樣暗示你？他難道沒有實際承諾過？但他有提出保證嗎？似乎沒有吧！

現在讓我們仔細瞧一下整個課程的時間流程。你付一大筆錢繳學費，然後上幾天課，走出教室就變成專業高手，在幾天或幾週內將你付出去的幾千美元賺回來。

是嗎？傑克！這真是太神奇了！

你必須是一位非常有經驗的高手才有辦法賺得那麼快。還記得第四章「化焦躁不安為沈靜專注」的內容嗎？如果你是個菜鳥的話，就重讀一遍，看看我以前所犯的錯，就知道新手剛開始賺的錢很少，有時候根本賺不了錢。

你可能要花上一年的時間才賺得回這筆學費，或者你又賠掉更多，這麼一來，你付出的學費似乎變成四倍。我在此提出最誠摯的建議，在你結束講習營的課程之後，千萬要把你的期望放低。這其實是我在第一部分提出的所有警告。

現在討論我列出的最後一個缺點，但不會是最不重要的缺點。多數的講習營課程不會提到以交易股數計算手續費的券商，這一點引起我強烈的懷疑。

在下一章，你就會知道為什麼以交易股數而非交易次數來計算手續費對當沖客來說最有利。專業當沖客一天來回交易的次數很多，以交易次數計費，他賺的錢可能全部拿來付手續費都不夠，而且可能陷入股票賺得愈多，實際上卻賠得更多的窘境。

我懷疑多數的訓練課程刻意隱瞞以交易股數計算手續費的資訊，幕後別有用心。這些訓練課程或許與一些以交易次數計算手續費的著名券商有著暗盤交易。

以下是我親身經歷的一個例子。我參加一家著名線上交易學校的課程，這家學校在世界各地都有分支機構，幾乎每天都

有新的學員從他們的課程畢業。在我們上課的過程中，要求我們透過某家著名的網路券商開戶交易，以交易次數計算手續費。課程即將結束之前，券商祭出大優惠。如果我們結業之後，在這家網路券商開戶的話，前一千筆交易手續費五折，也就是原本一次交易要收10美元的手續費，現在只收5美元，等於讓我們省下5,000美元的手續費。

5,000美元幾乎相當於這個課程的學費！聽起來棒透了！不是嗎？

我沒有上鉤，因為我知道另一種更便宜的選擇，那就是以股數計費的方式。我清楚兩者之間的差異，如果每天交易的次數很多，卻以交易次數計費的話，那就太划不來了。

剛上完課的新鮮人很容易被所謂的折扣、優待說服。我想瞭解這種隱晦的做法背後到底代表甚麼意義。後來我終於瞭解，舉辦講習會本身就是一門賺錢的生意，但他們刻意隱瞞資料——像以股計費可以幫當沖族省下一大筆手續費——的行為卻讓我火冒三丈。

以股計費的券商會要求顧客本身要有足夠的能力才會接受他們開戶交易；然而以次計費的券商不管當沖客是否具備證券經紀人執照，或者證明他們的交易技巧高超，連問都不問地就拿走他們的手續費，這一點讓我懷疑舉辦講習營的單位與這些券商之間有什麼勾結。

持平而論，有些課程不提以交易股數收取手續費的資訊，並不是要誆騙初學者只在以次計費的券商開戶，而是以股計費的券商並不想跟初學者打交道。然而，我認為講師還是應該告訴茫無頭緒的學員，以交易股數計算手續費的方式可以大幅降低支出。這樣做才能減輕我的疑慮。

你要謹慎挑選相關課程，付錢上課，但是要睜大眼睛，別讓自己成為企業私相授受之間被人利用的小齒輪。

接下來，我要將注意力放在那些已經過了初學階段，但需要更上層樓的當沖族身上。

適合進階者的訓練課程

如果你從事當沖已經有一段不算短的時日，也有自己的一套方式，別人無法再視你為新手。然而你的功夫還未練到爐火純青的地步，需要一些額外的指點。這是最難處理的部分。你必須確定你所挑的課程內容超出你目前的程度，而且能夠符合你目前的需要。

我可以舉例說明，挑對一個適合你目前水準的訓練課程有多重要，因為我自己就曾犯下一個昂貴的錯誤。大約在我當沖生涯的第五年，我參加第二個訓練課程，結果完全是浪費時間，等於是把5,000美元的報名費直接丟到水溝裡。因為我的實力已經超越課程的水準。這項課程為期五天，講師每天教授

的內容及策略，我都已經相當熟悉。

想像一下我當時受騙的感覺，以及受騙後的心情。

如何避免這種錯誤呢？

只要能夠正確評估你的技巧實力，就能避免這種痛苦的尷尬，請複習第一章「瞭解自己是第一要務」。

做完評估之後呢？你每天積極地進行當沖交易，而且已經持續一段時日，你的知識超過那些講師，但仍感覺需要一些額外的指導。

此刻你需要的是一對一的親自指導，這類學習適合那些擔心跟不上專業當沖客的節奏，也不會出現像新手提出的問題來浪費大家的時間。

這類的指導顧問本身就是專業的當沖客，每天積極地進行交易，和這種人一起工作，肯定能受益良多，因為他是用真正的錢在做交易。

對於有實際經驗的你來說，其他的東西都是廢話。

提供這種親自指導訓練也是以交易股數計算手續費的券商強項之一。多數這類券商都有自己的交易大廳。如果你能在這裡開戶，就可以免費使用交易大廳，你可以接觸到資深的交易員，很多都是夠格的顧問。

許多以股計費的券商提供教育訓練課程，通常都是免費的，你可以在這裡學到寶貴的資訊與經驗。他們希望你變成頂尖的當沖交易高手，成為他們賺錢團隊的一員——合夥交易

員，他們再從你的交易收取手續費獲利，因為你賺的愈多，交易的股數也會愈多。對你提供的訓練成為他們的投資，所以他們願意付出；對你來說卻是零成本，是個雙贏的好機會。

如果你想成為專業級的當沖交易員，找一家這類的券商談談。如果他們同意你的看法：你不再只是個菜鳥新手，他們會提供一段試用訓練的期間，通常是在他們的交易平台上進行一至兩週的交易。他們會評估你的表現及交易的風格。他們會期望你堅持一貫獲利的交易方式。如果你達不到他們的要求，他們會拍拍你的背，建議你累積更多經驗之後再來。

這也是為什麼即使外界現有的訓練課程有缺失，甚至隱含騙局，我還是不建議新手們完全避開這些收費昂貴的課程，因為你總得邁出第一步。

對於接受教育訓練這檔事，你是否有種誤入地雷區的感覺，浪費寶貴的金錢及時間的機會都很高。你應該會感覺憂心忡忡吧！

正確挑選訓練課程的祕訣

為了協助你避免不必要的錯誤，我整理了一份問題清單，讓你在決定繳錢上課之前，好好地請教一下這些教育訓練人員。不管你是否有實際的經驗，聽聽他們的回答，應該能幫助你做出較佳的選擇。

　　最重要的一點就是，不管是何種訓練課程，你都必須親自與授課的講師談談，不能只是和想要勸你盡快刷卡的業務代表聊聊就算了。見不到講師的話，那就換別家吧！如果你順利見到講師，向他解釋你目前的交易經驗，期望他能夠耐心地聆聽其間細節。詢問他這個課程如何能提昇你的交易表現，或者有哪些是這個課程力有未逮之處。用彷彿你知道得比他還多的方式質問他，你或許比他更厲害也說不定。

報名前的問題

- 課程是否會介紹以交易股數計算手續費的券商。
- 講師是否有積極從事當沖的經驗？如果有的話，時間大概是多久？
- 上課師生的比例大約是多少？
- 使用哪些交易軟體？
- 能否介紹交易的電腦平台，每個平台配備幾個螢幕？
- 上課時是否會展示即時交易的過程？
- 即時線上交易佔上課總時數的比例是多少？
- 這個課程非常強調風險控管嗎？如果是的話，實際的做法是如何？
- 在課堂上有多少實作指導的時間？
- 為什麼這個課程的學費如此昂貴？（如果你知道其他收費較低廉的課程，也可以順便提一下）

- 如果我有一大堆的問題要問，課堂上有多少可以討論的時間？
- 課程是否提供任何的保證或補償？（目的是觀察他們的反應）
- 我能否用我繳的學費來實際測試你們的系統？如果我賠光了，學費就不必繳了？（同樣地，目的是觀察他們的反應）

我另外準備了一些問題，好讓你在繳費之後，可以向他們詢問請教，他們不能再迴避，學費可是你的血汗錢，有必要讓你的學費物有所值。

繳費後提出的問題

- 如果上課時，講師沒有主動提及有關以交易股數計算手續費的方式，就主動提問。
- 要求講師介紹他們個人的交易經驗。
- 詢問講師，與進行交易相比，授課一天大約損失多少收入。
- 要求講師示範實際的交易過程。

我大略列出幾個問題，你也應該列出一張問題表，將在你心頭縈繞已久的問題通通提出來，關於實際交易的問題，你應該有一籮筐才對。問題愈多愈好。

　　課程進行到某一個階段後，他們會要你實際運用他們教授的系統及方法。每個人都將分配到一個交易平台，可能只是配備一個小螢幕的電腦而已。此刻你將初嘗接受個人指導的經驗，講師會盯著你們，一步一步地按照他們所教的方法操作。此刻將是你讓學費物有所值的時刻。

　　當你參加講習營，用他們的軟體交易的時候，基本上只是模擬而已。我個人的習慣就是抓住一位講師，盡量強迫他指導我每一個步驟，因為我注意到班上的同學多數都是一整天安靜地與他們的電腦坐在一起，自行嘗試這套交易系統。即使我會操作，我也準備好問題，希望能夠在交易的時候獲得解答。我建議你採用相同的方法，不要感覺自己是在霸佔講師。如果你感覺到佔用他太多的時間，就暫且打住。在下課時到辦公室詢問，或找業務代表，表達你的疑慮，因為你可是付了一大筆錢來這裡上課，你有權在上課時間提問，即使佔用到上課的時間。清楚地表達教學人員不足不是你的過錯。

　　最後，別期待這種訓練課程能夠把你從完全不懂的門外漢教成什麼都會的當沖高手，有些最基礎的知識，你應該事先做好準備，別只是去上課抄筆記，肚子裡要有點東西才能加入課堂的討論，別浪費你所繳的學費。

　　當你結束課程後，就得完全靠自己，你或許在班上結識一些好友，但基本上你是荒野中的一匹狼，生存得完全靠自己。

　　在這一章關於訓練及準備的內容，至少還有一點必須補充的。許多以交易股數計算手續費的券商要求他們的合夥交易員取得紐約證交所的系列七證券經紀人執照。他們知道美國證券交易委員會將會規定在他們交易廳裡的交易員必須擁有這份執照。

　　一般的當沖教育學院或研習營不會教你如何通過這項執照考試。我強烈建議你自修準備這項考試。你要認清楚，在當沖這一行裡專業能力是相當重要的，你鑽研的程度愈深，它的要求也就愈嚴謹。一份系列七執照的手冊差不多是300美元左右，我建議你在籌措當沖課程昂貴學費的同時，也一併規劃在內。

當沖心法

- 當你還是個門外漢的時候，找個機會接受系統化的課程。

- 帶著你心中滿滿的疑惑去上課，千萬別空手而回。

- 別期望在接受短期訓練之後，就能成為專家。

- 詢問有關以交易股數計算手續費的方式，以及採用這種方式的券商。

- 如果你已累積不少經驗，接受一對一的指導訓練。

第十七章

挑選合適券商
——以交易股數及交易次數計算手續費的差異

　　對於當沖族來說，可以選擇的兩種券商，主要是手續費計算方式的不同，一種是大部分券商採用的以交易次數計算，另一種則是以交易股數計算。哪一種比較適合你，要看你每天交易的次數是否頻繁，你交易經驗的水準如何，以及你準備的資金多寡而定。

　　如果你計畫成為一個每天多次來回拋補，而且絕不**持股**過夜的當沖客，遲早會想逃離以次計費的高額代價。對於以當沖為業的交易員，唯一的選擇就是以股計費的券商。

　　然而我必須承認，儘管如此，我還是留著一個以次計費的券商帳戶，因為我發現，即使對一個專業的當沖客來說，他們在某些方面的確提供了相當的協助。傳統的網路券商提供一些重要的股票研究工具軟體，他們有能夠引以為傲的方便交易平台，而且提供一些不錯的誘因，例如提款金融卡、免費的支票

簿及免費的即時市場交易資訊。為了這些理由，新手應該先從這類券商開始他們的當沖生涯。他們幫助新手們更容易地接觸當沖，另外他們的客戶服務也很棒，他們提供新手磨練技巧所需的各種市場資訊。

從以次計費的券商開始

讓你從以次計費的券商開始試水溫的最重要理由是，當你剛開始開戶交易時，他們只允許你用自己的資金進行交易，不會提供任何的信用槓桿，而開戶最低限額通常是500美元。這樣的做法有效地降低你在詭譎多變的股市中的曝險程度。

試想一下，通常以交易股數計算手續費的券商的最低開戶門檻是25,000美元，而你可以運用的風險槓桿倍數最大到二十倍，也就是你可以用來買賣股票的資本一下子就膨脹到50萬美元。對於一個剛入門的新手來說，這麼大的購買力會為你帶來巨大的危險。

以次計費的券商不會讓這樣的情況發生，這也是他們比較適合剛入行新手的原因之一。但是還記得我曾提到手續費昂貴這件事嗎？以次計費的券商每次買賣單的手續費差不多是8到10美元，也就是我來回拋補一趟就要16到20美元的手續費，這是貴得嚇死人。

剛開始的時候，我在一家傳統的網路券商開戶交易，起初

一切都還不錯，直到我逐漸提升自己的技巧之後，才發現事情不對勁。當我一連五天，每天來回交易四趟以上，從一般的交易員晉升為「模範當沖客」，好像自己獲得拔擢提升，接著我發現這反而變成負擔，必須額外遵守一些新的規定。為了維持「模範當沖客」的資格，帳戶裡的餘額必須隨時維持在25,000美元以上。好消息是券商將我的風險槓桿倍數由一增加到四，也就是說我的購買力變成10萬美元以上。這棒透了！唯一的麻煩是，只要帳戶餘額低於25,000美元，「模範當沖客」的特權就被暫時吊銷，四倍的風險槓桿倍數也沒了，等我把存款增加到25,000美元以上，這些特權才會恢復。

暫時吊銷我的信用交易已經夠麻煩的，更痛苦的事還在後頭。即使我想進行下一筆交易，卻必須等待三天才能結算我原本的交易。也就是說，在我把足夠的錢存入帳戶之前，我基本上算是失業了。如果沒有錢可存入帳戶，生活就突然卡住，動彈不得。

我才開始當沖不久，就可以看到以不同方式收取手續費的券商都有令人煩惱的優點及缺點。回首往事，我瞭解在建議新手從哪一種券商開始，以及為期多久時，要多麼小心謹慎。

簡單地說，剛入門的新手應該從以次計費的券商開始，直到他們忙不過來，決心全職投入當沖這個行業時，他們應該轉換跑道，嘗試以股計費的券商。

轉換到以股計費的券商

以股計費的券商所收的交易手續費實在便宜太多了，讓你很想馬上就跳下水試試，但是請仔細看看水裡，飢餓的鯊群在四周巡弋。這類券商給人風險槓桿倍數時，通常極為慷慨，但也慷慨到一種極度危險的地步。我之前提過，他們最大的槓桿倍數是二十倍，讓最低的開戶金額25,000美元額度一下子就暴衝到50萬美元。剛開始，他們會給你一個月的試用期，至少十倍的風險槓桿，也就是說25,000美元的存款馬上就變成25萬美元的購買力，這實在很嚇人。

若你能證明自己具備持續獲利的能力，他們就會調升你的信用槓桿倍數。我個人就有二十倍，以25,000美元的最低存款限額享有二十倍的槓桿倍數。如果增加戶頭裡的存款，總體的購買力也會相應增加。通常帳戶裡存有10萬美元，購買力就有200萬美元，也是二十倍。每家以股計費的券商在提供槓桿倍數方面有不同的原則。

雖然有這麼多誘人的危險，但好處是，萬一哪一天你諸事不順，也不必去跳海，或者不是馬上逼著你跳。萬一你的存款不足最低限額，你不會馬上被綁手綁腳，像在傳統券商那裡一樣。在這裡，有商量轉圜的餘地，你可以調降風險槓桿倍數，端視你的交易技巧，及與風險控管經理的交情，你的最低存款限額是可以調整的。比方說，你剛存入25,000美元—— 一般的

最低存款門檻，他們給你十倍的試用槓桿倍數。你不小心賠掉5,000美元，在傳統券商那裡，你會馬上動彈不得。你可以繼續動用帳戶裡的錢交易，只不過槓桿倍數減半，直到帳戶餘額超過25,000美元，才會恢復正常的槓桿倍數。至少你能繼續交易，不必馬上面臨追繳存款的窘境。

接下來我要談談，在以交易股數計算手續費的券商交易所會遭遇的不便。我從影響較低的問題談起，這類券商通常是獨立經營的公司，在客戶服務及其他金融服務方面的能力有限，多數都無法提供金融提款卡或支票簿，為了要提款，你可以要求以電匯或銀行保證付款支票支付，這有點不方便。但這群人肯定會讓你覺得這樣做是值得的。假設你今天急需現金，他們或許會預先代墊，雖然他們的支付方式通常是兩週一次。這些公司雖然不像大銀行有富麗堂皇的門面及設備，但能滿足你的需要。

我認為這種私人交誼，遠比從那些大型網路券商所獲得的冰冷福利更能溫暖人心。

現在我要來談談大麻煩。我之前透過一家大型網路券商做當沖交易八年，之後轉到以股計費的小券商。其中有兩年我當上模範當沖客，被那些規定整得快煩死了，卻不知道有提供二十倍信用槓桿的這類券商。這類券商多數都開在北部的大城市裡。

　　當時我住在氣候怡人的加州天堂，為什麼會考慮搬到冬天凍死人的東北部來呢？

　　那是因為有一天我來回完成三十六趟的拋補，手續費呢？每次交易要9.99美元的手續費，三十六筆買單加上三十六筆賣單。收盤鈴響之前，還獲利540美元，看起來很不錯，等到我把手續費的成本——720美元合併計算之後，原本獲利540美元，變成倒賠180美元！

　　從那天起，我下定決心要找一家手續費較低廉的傳統券商，但找來找去，答案竟然是沒有。事情變得愈來愈令人沮喪。我急需找到一種較便宜的交易方式，否則就要被迫限制每天交易次數。

　　什麼！每天只能做幾筆交易！

　　去華爾街問問看那些交易員，要他們每天只做幾筆交易，他們會叫你乖乖回家去，於是我開始在網路上搜尋，看看有沒有另一種解決方法，結果發現紐約有很多這樣的公司，我在這裡發現以交易股數來計算手續費的方式。我也被迫認清以股計費的交易方式可能得讓我搬家，而且一搬就是橫越三千英里。

　　我非得搬到紐約不行。

　　這類券商大多是所謂的專業證券交易公司，他們有自己的交易大廳，設有許多交易平台。如果你是個想嘗試以股計費的新人，他們希望你能來這裡使用其中的一個位子。

　　我對一家位於華爾街附近的公司有興趣，原本以為他們不

會考慮用我，直到我用他們展示的軟體交易一段試用期之後
──我以為他們會要求我先取得一份系列七的綜合證券經紀人
執照才肯要我。當時我並沒有這份執照。

　　結果大出意外，他們甚至願意讓我下載他們的軟體，在家
裡以遠端登入的方式進行交易，不過信用槓桿倍數少得可憐，
那是專門給外地遠端登入的新人使用。他們真正希望的是和我
一起交易，換句話說，就是能夠從我的背後監看一切的操作。
我很快就瞭解到，我唯一需要做的事就是打包、搬家。

　　我免不了要遭遇接下來的各種痛苦與煎熬，與我心愛的加
州陽光告別，離開一大群我愛及愛我的人，以及撇下一大堆我
心愛的收藏。但是請你也記下這一點，如果你嚴肅看待當沖這
份工作的話，也有可能必須離鄉背井到紐約來。

　　我來到曼哈頓，費盡千辛萬苦終於找到一個狗窩棲身。第
二天搖身一變就成了紐約客。噢！我的天啊！這一切的變化未
免太快了吧！

　　每天清晨我起床沖澡刮鬍子，穿上厚重保暖的冬衣，跟大
夥一起在尖峰時刻擠地鐵趕到公司的交易廳。我放棄在家穿著
短褲上網交易的生活，不過我也擺脫以次計費的昂貴手續費，
同時發現我在這裡所能享受的高倍槓桿。

　　沒錯，以股數計算手續費的券商每個月要向你收取150到
250美元不等的費用，看你需要哪些即時市場交易資訊而定。
再加上每天以交易股數計算的手續費，聽起來似乎是一筆不小

的開銷，但是和那些以交易次數計算的手續費比起來，根本是小巫見大巫。

他們每股平均收取0.0035到0.0065美元的手續費，也就是每次一百股的手續費只要0.35到0.65美元，而不是以次計費券商所收取的每次9.99美元。

光就手續費大幅減少這件事，你可以想像我有多開心。如果我以百股來回完成三十筆交易，支付的手續費大約是30到35美元之間，若是透過傳統券商完成三十筆交易的話，手續費就高達600美元。

但你可能會問：如果我一次買進兩萬股呢？

這是個好問題，答案也很驚人。

如果透過傳統券商交易，手續費只要9.99美元，以交易股數計算手續費的券商，手續費就高達110美元。這可不是印刷錯誤哦！

這裡的問題是，你永遠不應該一次買超過五百股的股票，除非你是頂尖的鯊魚級交易員。忘記原因的話，請重新複習第七章「過度曝險造成傷害」，我在其中一再說明大舉進出的風險。

在寫這本書的時候，我還住在紐約，但計畫搬回加州。我想回到心愛的聖地牙哥籌組自己的交易團隊。

不管我希望住在哪裡，或許你也有自己屬意的地方，但我相信任何一位當沖新手都應該來紐約住上一陣子，至少待上一

兩個月，徹底瞭解以交易股數計算手續費的這套系統是如何運作的，以及它的交易平台。等到公司覺得你的技巧夠成熟，即使你不在交易廳裡，公司仍願意給你相當高的信用槓桿倍數，屆時你就可以搬到全世界任何你喜歡的角落，從遠端登入進行交易，費用及連線方式都一樣，不管你身處何方。

現在讓我們回到風險這個主題，千萬不要一開始就完全接受交易公司所提供的超高倍數風險槓桿，而且他們的慷慨幾近瘋狂。千萬別在這一點上犯錯，你是可以婉拒的。

企業的首要目標就是賺錢，他們也不例外，他們的利潤來自你成交的股數。所以當你通過試用觀察期，他們會大幅調高你的信用交易倍數。你的槓桿倍數愈高，你的成交量也會跟著增加，他們希望你的成交量愈多愈好。

高倍槓桿的優缺點

當我在曼哈頓展開當沖新生涯的第一天，他們就給我二十倍的槓桿倍數。當時我太天真就接受了，我用最低限額25,000美元開戶，馬上就有50萬美元的購買力。

而今回想起來，那是個天大的錯誤，因為我還不習慣一下子就擁有這麼多的購買力。讓我們強調一下：購買的權力。當時的我很難拒絕這種誘惑，一次動用所有的槓桿倍數，所以我下了幾筆大單，轟轟烈烈地做了幾筆大買賣。

　　我動用二十倍槓桿交易的第一週表現可以說是像搭雲霄飛車般地大起大落，有一天我賺了3,800美元，但接著又賠掉4,200美元。有時候一整天的賺賠純粹只由一筆交易決定。沒過多久，我發現需要控制曝險。

　　我開始像以往那樣只買進一百股，但偶爾也會連續地下單買進同一支股票，也就是說我一百一百地接著買，直到用完所有的購買力為止。但是當情勢反轉對我不利時，什麼！我手中竟然累積五千股每股100美元的股票，我驚覺自己曝露的風險實在太大。

　　千萬別犯下同樣的錯，要避免在茫然無據的情況下進場，也要避免在同一時間持有太多股票。方法就是自我設限，先將風險槓桿倍數降低至十倍，等到你習慣高倍數槓桿的交易，有能力掌控之後，再調高槓桿倍數。後來我找到方法來控制風險，當一百股波動達到1美元，我就賺或賠100美元，我可以承受這樣的壓力，這樣的風險不算太高。

　　同樣地，你也應該瞭解怎樣的交易方式才能讓你感到舒適自在，永遠不要背離這種方式，請回頭看看第十三章「整天維持一致的交易方式」。

　　如果你有相當高倍數的風險槓桿，將它平均分配在多筆不同股票的交易裡，即使有一筆交易失利，也不會造成太大的虧損。舉例說，你買五百股，但分配在五支不同的股票，即使有一支股票的走勢與你的預期背道而馳，也不致受傷太重。當你

習慣這種節奏之後，就可以嘗試兩百股的交易，不過別衝過頭。接下來，我會在第十九章「階段性訓練交易技巧」進一步說明。

信用槓桿最大的缺點就是它會誘惑功夫還不到家的新手，動用全部的購買力孤注一擲地放在一支股票上，然後**抱著**不放。我曾經看過第一天報到的新手，當天就把他的 25,000 美元賠光。他們接受二十倍的信用槓桿，相當於 50 萬美元的購買力，一口氣買下五千股價值 100 美元的股票。當股價朝著不利的方向波動，只要下跌 5 美元，他就要口袋空空。

遇到這種情況，風險控管經理就會快步過去，在他耳邊低聲地說，「你現在必須賣掉！」

事實上，這些當沖客並不是完全沒有經驗的新手，即使之前的戰績輝煌，卻不適應一下子擁有這麼多的購買力。所以我要再次強調：關鍵是自我設限。

接下來，我要總結兩種不同的手續費計算方式有哪些對你來說相當有利。

保留傳統券商的帳戶

直到如今，我依然保留我在以次計費傳統券商的帳戶，我仍在使用該公司網站提供的市場資訊及免費的即時市場交易資訊，我也用這個帳戶來管理我的資金。在全球各地的自動提款

機提款都不用加收手續費。但我保留這個帳戶的主要原因是，萬一有什麼特殊的狀況，我想要**持股**久一點的時候可以運用。若你想要**持股**過夜的話，多數以股計費的公司不提供槓桿支援，你可以用他們的系統**持股**過夜，但不能動用他們的資金。若你的帳戶裡有25,000美元，他們只允許你**持有**價值25,000美元的股票過夜。

我假設你已經擁有一個券商帳戶，而且是以次計費的券商。即使你終將轉換到以股計費的券商，不過基於上述理由，建議你不要取消原有帳戶。即使帳戶裡一毛錢也沒有，多數的傳統券商會無限期地保留你的帳戶。當你準備轉到以股計費的交易公司時，你只需要把錢從這個帳戶轉到另一個帳戶就可以了。

在你準備轉換券商之前，還是要提醒你，在以股計費的券商開戶的最低限額是25,000美元，許多公司會要求你擁有一張系列七的綜合證券經紀人執照。

我建議你親自拜訪一些券商，詢問能否讓你參觀他們的交易廳，帶著下列問題去請教他們。

- 每股交易收取的手續費是多少？每個月的即時市場交易資訊費是多少？
- 我能否在家以遠端登入的方式加入你們？
- 我每隔多久可以從我的帳戶裡提錢？

- 你們是否提供彈性的信用槓桿？
- 帳戶最低餘額規定是多少？有什麼其他規定嗎？
- 你們提供哪一種獲利分享計畫？
- 在你們交易廳裡有一年以上經驗的專業交易員比例是多少？
- 你們是否要求擁有系列七的執照？
- 你們提供哪些免費的團體訓練教育？或個人指導？
- 關於交易平台，你們提供幾種選擇？（舉例，包括配備幾台螢幕、工作條件及氣氛等）

當沖心法

- 如果你同時交易多支股票，但不**持股**過夜，就不要動用以次計費的券商帳戶。

- 保留以次計費的券商帳戶，只是為了時間較長的交易及免費的資源。

- 在以股計費的券商交易，要非常小心你所使用的槓桿倍數，先從十倍開始適應。

- 當你在找尋以股計費的券商時，一定要親自拜訪、參觀他們的交易廳，試用他們的軟體幾天，確認他們的成本及費用結構。

- 在他們的交易廳實際交易一段時間之後，才能在家以遠端登入的方式加入。

第十八章

善用紙上模擬練習

　　我要引用富比士媒體公司經營的投資百科網站（Investopedia.com）為「紙上模擬」所下的正式定義：「投資者用來模擬實際買賣行為的演練，並不涉及實際的金錢交易」。換句話說，紙上模擬並不會產生任何實質的金錢獲利或虧損。你可以與即時市場同步運用你的買賣指令來練習，將買賣的指令及時間、數量等資料記錄在紙上。

　　如果你曾經參加過相關的訓練課程，肯定做過這種紙上模擬練習，但是他們似乎不曾正確地教導如何適當地運用這項練習。你或許會對此感到訝異，事實上，就像藥物一樣，正確地服用可以治病，誤食的話可會要命。然而，正確適當地運用紙上模擬練習可以大大地提升及改善你的當沖交易表現。

在本書的序文裡，我藉由描繪一個剛結束三天講習營課程的新手，返家後的典型行為來說明我最初的紙上模擬經驗。課程中部分的內容就是紙上模擬，返家之後，我整整進行一個月的紙上模擬，結果相當令人滿意，我賺了好多紙上財富。

等到實際開始真正的交易時，不再只是大富翁遊戲，我卻完全慌了手腳，當天晚上幾乎失眠。

你可以猜到，我又要說一則警世寓言了。為了讓你更清楚地明瞭我的建議及警告，我將它分為兩種等級，一種是入門級，一種是進階級，各自有不同的運用。

初學者的紙上模擬練習

多數初學者的腦袋瓜裡裝滿著各種專業交易策略的知識，心裡卻缺乏實際的經驗與體會，就像小孩玩大刀，這是相當危險的事。紙上模擬若運用得不對，更會加重新手犯錯的機會，情況反而變得更難收拾。

首先要記住的是：紙上模擬不應該當成測驗策略的工具，也不應該視為沒有風險的當沖訓練課程。仔細想想，這些理由真的不合理。當你開始拿真金白銀進場交易時，它能幫助你控制情緒，掌握策略嗎？

多數的訓練不曾強調這一樣，他們灌輸你獨門策略，在沒有風險的環境下，大力推銷他們的系統，讓你進行紙上模擬。他們撥給你十萬美元的虛擬額度，讓你盡情玩耍。讓你天真地相信他們的策略是有效的。這樣吸引新手上鉤，從每個新手身上賺到幾千美元學費，對此我感到深惡痛絕。

讓我拿賭博來比喻一下。

你走進一家賭場，大廳經理熱情地歡迎你，給你一些籌碼，讓你進場試試手氣。這麼好康的事！你當然會接受。他給你十萬元籌碼，有人在你耳邊偷偷告訴你一些訣竅，你第一把骰子就下注五萬，然後連贏三把。

「哇嗚！」你心想，「這方法可真管用！」接下來，你慢慢輸光籌碼，那又怎樣呢？你離開時還說了一句，「這只不過是玩玩而已！」

我要強調的重點是，因為紙上模擬完全沒有風險，當沖族常常忽略風險的重要性，而沒有從紙上模擬學會謹慎。他們對紙上模擬的傲人成績感到自豪，迫不及待地想要進場驗證一番。就像賭場裡的賭徒，當他把十萬元籌碼變成一百萬元的時候，他很容易變得過度自信。

每個人都有人性上的弱點，我規劃出一個給初學者遵守的法則。去拿麥克筆及海報紙來，在你的牆上找到適合的空間。紙上模擬必須遵守的準則就是：

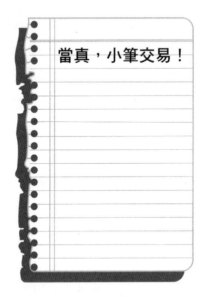

當真，小筆交易！

我反覆強調這套交易系統最重要的核心原則：即使你已經找到絕佳的交易個股，在你確定交易技巧已經提升之前，你都應該維持一百股的交易方式。

進行紙上模擬時，很容易就將這條原則拋到九霄雲外。我在接受訓練時，講師為我們講解專業策略，接著讓我們在軟體上進行模擬練習。

剛開始，我做得不錯，一直維持一百股的交易方式，沒過多久，我就開始買進一千股，魯莽地向下攤平。我還記得當時毫無壓力的快樂。即使交易賠錢，我還傻傻地笑說：「沒關係，這只是練習。」

即使我發現處境不利，也只是向下攤平。它終究只是紙上

模擬，我可以在更低價位買進更多股。只要股價跌落我的進場價，就向下攤平。

我以一百股進場，若我猜錯進場價，而股價直直落，我就在更低的價位再買一百股。若股價持續走跌，我在更低的價位買進更多股。股價跌得愈多，我就買得愈兇，一直到股價走勢反轉，我才停手。這樣一來，光這筆交易我手上累積的持股會超過一千股，直到股價回升讓我獲利時才脫手，獲利出場。

這是紙上模擬常見的景象。向下攤平直到股價反轉，聽起來是個不錯的策略，不是嗎？

才怪！

如果你還不清楚這個策略為什麼爛透了的話，請重新複習第十章「攤平屬於進階策略」。

以這種方式進行紙上模擬，完全忽略情緒在交易中扮演的角色問題。第一是當你持股過多或不斷攤平時，已經犯了過度曝險的錯誤，但你卻感覺不到真正交易時會出現可怕的恐懼。第二是當你不斷向下攤平，心中預期股價終將拉回，此時你已被可怕的敵人包圍了，那就是過度自信。莽撞，又缺乏危機意識，使得當沖交易的紙上模擬變得危機四伏。

不過請安心，有個簡單實用的六字真言可以幫助你消災解厄：當真，小筆交易。

我知道它不容易達成，但是照著做就對了：說服自己把假錢當真，把紙上模擬當成是用真錢一樣在交易。

如果你無法做好這種心理準備，在進行紙上模擬時可能就會變得輕忽大意，無法一直坐在電腦螢幕前。你可能會離開幾分鐘，打電話和親友聊天。這些看起來似乎無關緊要，但卻是真正的麻煩所在，因為你根本還沒有準備好。你還沒有養成當沖交易時所需要的專注力。

要人整天坐在電腦螢幕前，每一秒都緊盯著股價不放是件很困難的事，尤其當你只是在模擬練習，這特別難受。但是當你真的拿錢進場交易時，這卻是必要的條件，所以我才會一再地強調，要你把紙上模擬認真當一回事，如同真的進行交易一般。舉例來說，當你做紙上模擬練習時，要確實盯著即時買賣盤報價，要確實記錄買賣盤報價。千萬別把市價當成是進場價，因為當你實際交易時，你必須以別人報的賣價買進，而你只能以別人報的買價賣出。

因此我設計一份實用的紙上模擬紀錄表，方便大家使用。請參考表18.1。

這個表格很容易製作及複製，或者你直接影印也可以。每一天用一張新的表格記錄。這張表格涵蓋每筆交易需要記錄的重要資料，包括股票代碼、買賣股數、進出場價、進出場時間、作多還是放空、停損或停利及賺賠金額。

記錄這些資料的目的不是要拿來衡量你的獲利能力，而是做為之後研究分析每筆交易之用，不管是賺是賠，都可以從這份紙上模擬紀錄表學到東西。

表18.1　紙上模擬紀錄表

股價代碼	股數	多/空	進場價	進場時間	出場價	出場時間	停損/停利	賺賠金額

等到累積足夠的資料後，你可以從這些數據裡找到明顯的趨勢。比方說，你會發現某支股票最適合交易的時間是在下午一點半以後，或者某些股票要花較長的時間才會觸及目標價。你也許會發現某些股票習慣在主要支撐及阻力水準之前或之後反轉，也可能會發現某些股票必須**持有**較長一點的時間再停損或停利。

現在你可以瞭解交易紀錄是一項很有用的學習工具，它可以擴展你的視野，幫助你提升當沖技巧，而不是個人獲利能力的證明，另外記下這一句格言：

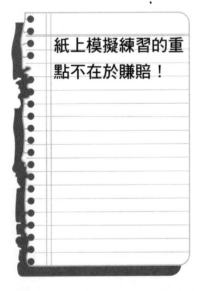

紙上模擬練習的重點不在於賺賠！

我幾乎可以跟你打賭，你在紙上模擬賺的錢肯定比實際交易來得多，因為我也是這樣。別跟我做一樣的傻事，對於那些

讓我在帳面上虧大錢的交易就完全不去記錄，我選擇忽略這些爛交易，這是初學者典型的行為。

我在紙上模擬時，一口氣買進五千股，然後出門吃午餐去，等到我回來看見股價下跌兩美元，等於是賠掉一萬美元。我可能會漫不經心地認為，這只是個粗心的錯誤，自言自語地說：如果我坐在這裡盯著，虧損的金額就不會那麼大。然後就當作沒這回事，不做記錄。

若發生同樣的情況，但是股價上漲兩美元，等於我賺到一萬美元，那我會自豪地記錄這筆交易。這樣下來，我當然學不到東西，得到的只是壞習慣，例如在交易時離開座位，讓自己過度曝險，養成過度自信的習慣。

當你做紙上模擬練習時，你應該要拋棄你到底賺了多少錢的念頭，把全部的心思放在每一個決定你表現的因素上面。你從壞習慣學到的東西肯定會比從好習慣學到的更多。除非你是華爾街當沖交易界的超級巨星，否則你將會和一般人一樣犯下許多錯誤，這一點你可以相信我，但你同樣能從中學到很多。

現在我要談談紙上模擬應用的進階版。

進階版的紙上模擬應用

若一個有經驗的當沖族，無法達到連續一個月持續獲利，紙上模擬應該能有所幫助。就跟初學者一樣，可以拿來分析自

己的錯誤，做為嘗試新股之前的演練。既然在初學者的階段就曾經嘗過交易新股的苦頭，此刻自然不會一頭栽進陌生的新股。

有經驗的交易員知道，紙上模擬可以幫助他安然度過一些艱困時期，比方說，當股市突然變得詭譎多變，難以捉摸的時候，他最好暫時退居觀望。

這並不表示，他就去渡假休息，而是在風險高漲的時候，利用這段時間來做紙上模擬練習。他可以在一個零風險的環境下，學習在股市動盪的情況下做交易。

不管是初學者或者是有經驗的交易員都需要休息。在這段時間裡，做做紙上模擬也非常具有療癒效果，請複習第五章「休息，是為了走更遠的路」。

當沖心法

- 進行紙上模擬，務必謹記六字真言：當真，小筆交易。

- 以實際交易的方式進行紙上模擬。

- 別把紙上模擬當成個人獲利能力的衡量工具。

第十九章

階段性訓練交易技巧

　　如果你未曾受過任何正式訓練，就想辭職回家投入當沖生涯，我勸你馬上打消這個念頭。回頭**翻翻**第十六章「有關訓練課程的真相」，挑一個最適合你目前程度的訓練課程，將一切準備好之後再說。

　　但你若是已接受過若干訓練及指導，但技術還不夠純熟的當沖族，無論如何請你繼續讀下去。首先我要透露，多數專業當沖客不願讓大家知道他們悲慘的過去，當他們還是新人的時候，一結束訓練課程，他們馬上就辭職把當沖做為主要的職業。他們把所有積蓄拿去付昂貴的講習營學費，所以急切地想要立刻把這筆錢賺回來。

　　這個故事怎麼聽起來這麼熟悉？是不是你現在的寫照啊？如果是的話，我再重覆一遍：繼續讀下去！

　　事實是，你在學習當沖的過程中，你所付出的最大投資並不是訓練課程的學費，而是你在學習成為專業當沖客的過程

中，即將遭遇的一切損失。我在第十二章「為什麼有些人比較容易犯錯」已經揭露這可怕的事實。

　　本章的目的並不只是要警告你，而是要教你如何安全通過這可怕的地雷區。我能做的就是盡量協助你降低在「市場研究所」裡繳的學費——也就是你從事當沖所發生的損失。

建立交易技巧的基礎

　　對一個新人來說，你必須接受「花錢買經驗」的痛苦事實，最初的交易目的應該放在磨練技巧，而不是一心只想賺錢。等到技巧熟練之後，賺錢的事就水到渠成。你應該記住：耐性是最重要的，別想在成功之前抄捷徑。如果你仔細地讀過第一章，應該瞭解自己的當沖功夫還不到家。誠實面對自己的不足，瞭解自己還有很多待學習之處，你必須像個學生似地好好聽課，勤做筆記。

　　當我還是個業餘玩家的時候，真希望當時能有個人拎著我的衣領，強迫我瞭解這一點。當我還是新手的時候，每當我結束一個訓練課程，或者讀完一本有關當沖策略的書籍，我就像打完類固醇的拳擊手，迫不及待地想上擂台去摔倒那些大塊頭。我已經擁有華爾街賴以致勝的祕訣，認為自己已經練成當沖交易的煉金術，準備進場大展身手。

　　沒錯，我已經擁有一些專業的知識及專家的祕訣。唯一缺乏的是實戰經驗，更可怕的是我自己竟然對此毫無自覺。

　　這就好像我看過一部介紹如何蓋一間美麗房屋的影片。等到影片結束，燈光亮起，我來到工地拿起鎯頭開始幹活，才發現事情並不如原先想像得那麼簡單。此刻我才警覺到，那部影片無法教會我蓋房子，我不只需要看藍圖、使用釘錘，還必須面對完工交屋日期不斷逼近的壓力，以及適應戶外氣候冷熱的變化（這也是為什麼我很尊敬建築工人，像我勇敢的哥哥亞當，不論天氣陰晴寒暑，他都在紐約州水牛城的戶外工作）。

　　當沖族的指尖就是他的鎯頭，鍵盤上的按鍵就是他的釘子。像個建築工人似地，他必須仔細地找對落錘的位置，尤其是剛入行的新人。雖然他不會敲傷自己的姆指，或者從屋頂跌落，甚至被凍傷曬昏，但是犯錯的後果可能更嚴重，錢會直接從你的荷包扣走。

　　然而，也並非只有壞消息。相反地，我發明一套方法，可以讓你用真金白銀進行真正的交易，而且不會承受太大的風險，進行安全的訓練。在我研究出這套方法之前，我就像個當沖地獄裡的遊魂，我的問題就是我自認已經是個當沖專家，因為我一天交易的金額達到數萬美元之多，還認為自己已經掌握訣竅。

　　在我損失慘重之後，發現這些才是真正痛苦的課程，回首前塵，仔細研究及檢討，讓我變得更有耐心。當時的我仍不明

白，我最大的錯誤在於一心一意只想賺錢，而不是從中學習，磨練自己的技術。

如果你能達到持續獲利的境界，才應該開始轉換目標為賺錢。

現在你可以知道，當時的我並非如此。

有一天我悶悶不樂地癱坐在椅子上，螢幕不斷地在我眼前閃爍，猶如遙不可及、傲慢跋扈的神祇。我從事當沖已經五年多了，這是一段痛苦的回憶，感覺自己好像一個可憐的輸家，幾乎準備拋毛巾認輸。那一天我終究熬了過來，振作精神，繼續奮戰。我領悟到必須有所改變，必須重新調整我的做法。

那就是這套方法萌芽的時刻，直到那一刻之前，我有些不錯的表現，也有些慘烈的虧損，經過五年的時間才差不多打平而已。我之所以能夠撐過五年，最主要的原因是我剛開始時投入的資本不少，以及我一直堅持想改進的意志。

（警告：請注意剛開始時投入的資本不少一詞，如果你沒有這麼雄厚的資本，或者你準備將畢生積蓄的一半以上都投入的話，請務必用螢光筆將這裡劃線。）

就在那一天，我瞭解到我必須從頭開始，練好基本功。交易的重點不再放在賺錢上面，而是放在培養堅持一貫的做法上，暫時把賺錢放在一邊。

你或許想：這太瘋狂了！不把重點放在獲利上，這完全是荒謬的，沒有任何建設性。是的，獲利當然是終極的目標，不

過凡事有先後，先學會爬，才能學走，會走之後，才能跑，這
是永恆不變的道理。現在讓我們玩得更瘋一點，做一個瘋狂的
標語：

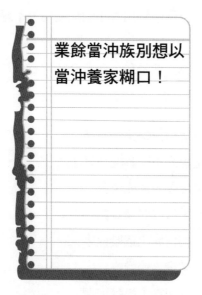

業餘當沖族別想以
當沖養家糊口！

今天就把標語掛起來。除非你能達到至少連續一個月（大
約是二十個交易日）都維持獲利，否則就讓這張標語一直掛
著。

我承認我的方法小有缺憾，我稍後會解釋。這種做法即使
有獲利，也很微薄，少到你無法稱之為收入。但你是用自己的
錢在進行交易，不再只是紙上談兵，我指的是用非常少的錢。
你可以從這種方法得到交易獲利的滿足感，但獲利的金額則無
法帶給你滿足感。

即使一筆交易只能讓你淨賺兩美元（扣除手續費之後），最重要的是你學會如何維持一貫獲利的方法。達成這個目標之後，才能再談如何規劃賺錢。我的這套方法是漸進式的，先從紙上模擬開始，再進階到用真正的錢交易，不過一次只動用一點點的錢。

我的方法分為三個階段。在我介紹這三個階段之前，請你依序再複習以下的章節：

第一章　瞭解自己是第一要務
第四章　化焦躁不安為沈靜專注
第七章　過度曝險造成傷害
第八章　預先做好財務規劃
第十四章　如何簡化選股程序
第十七章　挑選合適券商
第十八章　善用紙上模擬練習

第一階段

假設你已知道如何判讀技術圖形及下買賣單，挑一支股價波動較慢的低價股，也就是每天從高點到低點的波幅差不多是50美分左右，股價介於10到30美元之間的股票。

接下來連續進行一週的紙上模擬，要整天連續交易，同時要確保獲利金額超過實際交易時必須支付的手續費。換句話說，你在進行紙上模擬交易時，每筆交易獲利至少要有20美元，因為每次買賣單的手續費大約都是9.99美元。若你是透過以股計費的券商交易的話，差不多每筆交易只要賺一美元就能打平。

- 只以一百股進行交易。
- 連續對那支股票進行一週的紙上模擬交易，每天至少進行十筆交易。
- 事先設定停損及停利點。盤中交易時不必擔心你的獲利情況，你的主要目的是獲取經驗。
- 一週結束後，你應該有針對一支熟悉的個股連續五天紙上模擬交易的經驗。
- 詳細記錄每筆交易，你也應該記錄每筆交易進出場的原因，以及當時的心態。
- 經過一週的模擬交易之後，如果你覺得有自信進場實際交易同一支股票，下週一就開始真的進行交易。
- 否則的話，就重複再做一週的紙上模擬練習。
- 除非你的研究及經驗顯示這支股票有問題，否則不要換股交易（如果你確實研讀過第十章，這種情況不應該發生）。

- 如果你確實選擇進場交易，請務必遵守以下原則：
  - 維持和紙上模擬同樣的做法。
  - 如果你犯下在紙上模擬時不曾出現的錯誤，立即停止交易。
  - 回頭重做紙上模擬練習，直到你的自信恢復為止。

多數人很快就會對第一階段感到厭煩，即使是真的進場交易，賺賠的金額都只有一點點。以一百股來交易波動緩慢的低價股一點也不刺激，這是為了培養你的耐性。在這段時間裡，你不必冒很大的風險，就能換得寶貴的經驗，真是可喜可賀。

等你對第一階段的實際進場交易也感到相當有自信的時候，你可以有兩種選擇，一是直接晉級到第二階段，二是逐次增加交易股數，每次增加一百股。

如果你選擇增加交易股數，從兩百股、三百股逐次增加到五百股，每增加一百股之前，必須進行一週的紙上模擬。

第一階段的個股，每天平均差不多有十個交易的好時機，每趟交易所需的時間也會比第二階段及第三階段來得久。這也是為何可以增加股數到五百股的原因。

這一階段的股票可能要等上三十分鐘才會有25美分的波幅，但是五百股的獲利或虧損金額要乘以五。每筆五百股交易的平均獲利或虧損金額將達到125美元。

再次重申，第一階段只是嬰兒學步及培養耐心之用。只能從一百股開始，再慢慢提升交易技巧。

第二階段

步驟和第一階段完全相同，唯一的差別就是換一支股價波動速度中等，中等股價的個股，也就是一天之間從高點到低點的波幅達到1美元，股價介於30到50美元之間。

連續進行一週的紙上模擬，每天至少完成三十筆交易，確保每筆交易在扣除手續費之後仍有獲利。一整週都針對同一支股票進行模擬練習，每天至少完成三十筆，每筆只能以一百股進行的交易。

進場前設定好停損及停利點，別擔心盤中交易的表現。交易的主要目的是獲取經驗。到了週末，你就擁有對這支股票一整週的交易經驗。

詳細記錄每筆交易，除了紙上模擬紀錄表必須登記的項目之外，還需要記錄交易進出場的理由及當時的心境。在一整週的模擬交易後，若你對實際進場交易有信心，可以在下週一進場實際交易。反之，就再進行一週的紙上模擬。若你選擇實際進場交易，一定要遵守以下的規定：

- 維持和紙上模擬同樣的做法。
- 如果犯下在紙上模擬時不曾出現的錯誤，立即停止交易。
- 回頭再進行紙上模擬，直到你的信心恢復為止。
- 在你以一百股交易證明你的能力之後，可以試著以兩百股來進行交易。但在以兩百股進行實際交易之前，必須先進行一整週的紙上模擬。
- 除非你的研究及經驗顯示這支股票有問題，否則不要換股操作。

第二階段與第一階段的差別在於交易的個股波動速度較快，而且波幅也擴大。我設定這些不同階段，就是要讓你逐漸適應不同程度的曝險，增加你的交易經驗。當你從第一階段升級到第二階段，你會發現很多的差異，包括股價移動的速度可能是原先習慣的兩倍。

這也是為什麼你應該以一百股交易開始的原因，而且絕對禁止以兩百股以上交易第二階段類別的股票。千萬記得必須完成一整週的紙上模擬，才能實際進場交易兩百股。

當你以一百股進行交易時，這類股票每三至十分鐘就達到25美分的波幅，每筆交易可能讓你賺或賠25美元。若你以同一支股票進行兩百股的交易，波動的速度及幅度相同，賺賠金額卻要乘以兩倍，也就是說，兩百股的交易在三到十分鐘就會有50美元的盈虧。你若事前沒有做好準備，一天三十筆交易

的結果可能會讓你慘兮兮。

再次強調要有耐心地學好基本功。我要強調，總是從一百股交易開始，慢慢地增加到兩百股，但絕對禁止超過兩百股。

第三階段

第三階段的步驟幾乎和前兩個階段完全一樣，唯一的差別是不同等級的股票。

- 挑選一支股價波動迅速的高價股。舉例來說，全天波幅達到3美元，股價介於50到100美元之間。
- 進行一整週的紙上模擬練習，一天至少來回交易五十筆，要確定每筆交易獲利足以支付券商手續費。
- 一如既往，你的目標是要維持一週不間斷的紙上模擬，每天至少來回交易五十筆，而且以一百股進行交易。
- 事先設定停損及停利，把焦點放在經驗的取得，而不是賺賠的表現。
- 到了週末，你對這支股票有一份連續五天的密集模擬交易紀錄及經驗。
- 詳細記錄每筆交易進出場的理由及當時的心情。
- 如果你對結果相當有自信且滿意，下週就進場實際交易。

- 若對結果缺乏自信且不滿意，再進行一整週的紙上模擬。
- 若你選擇進場交易，務必遵守以下原則：
  - 維持和紙上模擬同樣的做法。
  - 如果犯下在紙上模擬時不曾出現的錯誤，立即停止交易。
  - 如果虧損的金額超過獲利的金額，請回頭進行紙上模擬演練，直到你的信心恢復為止。
  - 一如既往，除非這支股票本身出問題，否則不要換股操作。

第三階段所展示的是最大程度的曝險。即使你已證明自己能在這個階段維持一貫的獲利，也萬萬不要進行超過百股以上的交易。你在第三階段過度曝險的話，會很難掌握它的波動。

你不需要對這類股票進行百股以上的交易，因為每十秒到三分鐘就能輕鬆賺賠25美元，加上一天交易五十筆以上，一整天賺賠的金額可能超過1,250美元（25美元乘以50）。

絕對不能有貪念，貪念一生，壞事就來。堅持以一百股進行交易，萬萬不要在這個階段進行攤平。如果你能遵循這些建議，第三階段必定能取得不錯的成績。

結論摘要

紙上模擬純粹是為了學習的目的進行的，別漫無目的隨意演練。這一套紙上模擬與實際交易交叉進行的三階段訓練方案，目的是放緩你衝動的腳步，讓你有機會檢討自己的錯誤。在你認真完成三階段的訓練之後，你就可以真正投入當沖這個行業，因為你已經具備實際交易的經驗，瞭解如何避開風險。

準備交易任何新股之前，一定要先對其進行紙上模擬交易，你可以實際從事第一階段股票的交易，同時對第二階段或第三階段的股票進行模擬研究，就可以在一天之內交易不同階段的股票。這一切得等到你能從單支股票的交易獲利之後再說。當你感覺已準備充分之後，就可以增加交易的股數，但得謹遵各階段股票交易數量的限制規定，或是增加同級其他的股票來交易。

這套系統的要訣就是按部就班，別在沒有進行紙上模擬之前，就直接交易一百股以上，紙上模擬至少要做完一整個星期。至於第三階段的股票絕對禁止超過百股的交易——沒有例外。

我要強調這套系統還不算是一套完整的當沖策略，甚至連接近完整都還稱不上。設計這套系統的目的是要放緩你的腳步，建立有層次的實際交易經驗。要靠它來賺錢是不夠的，但卻可以幫助你抓住未來最佳的賺錢機會。

表19.1 三階段股票操作

特性	股價範圍	每日平均波幅	每筆交易股數容許範圍	每筆交易(25美分)大約時間	每日平均交易筆數	每筆交易平均賺賠金額	每日交易可能賺賠金額
股價波動緩慢的低價股	$10~30	$0.50	100~500	10~30分鐘	10筆	$25	$250 (10×$25)
股價波動適中的中價股	$30~50	$1.00	100~200	1~5分鐘	30筆	$25	$750 (30×$25)
股價波動快速的高價股	$50~100	$3.00+	100	10秒~3分鐘	50筆	$25	$1250 (50×$25)

　　我另外設計一張圖表（表19.1）供作參考。這張圖表可以讓你很快地明瞭三階段股票的風險及波動速度。

當沖心法

- 千萬別越級，一定要從第一階段紮實地訓練起。

- 除非你能在紙上模擬維持一整週連續獲利的紀錄，否則不要實際進場交易。

第二十章

完美的一天

想要有完美的一天,必須做到以下幾項前提:

- 透過以交易股數計算手續費的券商交易。
- 盤前的準備充分完整。
- 整天維持一致的交易方式。
- 收盤前結清所有部位。
- 絕不**持股**過夜。
- 為明天做好完整的準備。
- 最後是豐厚的獲利。

本章目的是讓你對成功的專業當沖客一整天的行程及活動有充分的瞭解,讓你親眼見證如何安排生活與專業行程。

清晨活動

首先我必須說明一下，有時候我會放自己一天假，放鬆一下心情，但這絕不是臨時起意，而是前一天就決定好的，原因也不是因為市場狀況不佳，或前一天很晚才決定。

不過，今天不是我的休假日。

我大約會在清晨五點或七點起床，看我是在家裡透過網路交易，還是到交易室去工作（如果要前往華爾街附近的券商交易廳，我得在黎明前就起床）。雖然地鐵站入口離我家只有三條街的距離，如果想搭擁擠的地鐵，等到一班有空位的列車，自然得多花點時間。不管我幾點睜開眼睛起床，都需要一杯溫暖的咖啡。無論是要擠地鐵，或者一個人安靜地在家，每天起床後的第一件事就是煮咖啡。

等到這杯熱騰騰香噴噴的液體流經我的喉嚨之後，我會做些伸展操，接下來看看屋外的天氣。如果紐約的天氣還不錯，至少不讓人難受的話，我就會拎著我的咖啡出門，到佔地843英畝的中央公園走走。

如果天氣很糟的話，我就只好取消在城市綠洲裡享受呼吸芬多精的計畫，到客廳做一些伏地挺身及仰臥起坐的運動。

這是為了調整身心，規律的晨間運動是不可少的，它讓我的思緒清晰，幫助我度過上午九點三十分開盤鐘響時的壓力。每當開盤時分，我的心頭就會揪緊一下。它們也能幫助我維持

一整天的心情平靜，因為我幾乎一整天都聚精會神地窩在電腦螢幕前盯著股價看。

接下來是開盤前最重要的準備工作。

當我在夜晚沈睡之時，全世界的金融市場仍不停地運作著。我知道世界上可能有什麼重要的事情正在發生，但是現在我清醒了，而且精力充沛。我必須讓自己能夠很快地掌握這一切，即使我交易的股票沒有出現在新聞事件裡，但它們還是有可能被全球性的事件所影響。我必須在交易開始前，就知道這一切。

所以我在開始刷牙前，就先打開電腦。從一般性的市場新聞開始瀏覽，我會瀏覽幾個主要的網站，例如彭博新聞（Bloomberg.com）及雅虎財經新聞。

接下來我會打開電視，轉到CNBC財經頻道，看看有什麼會衝擊股市的突發新聞。還記得二〇〇八年底，一早起來看到政府宣布關閉華盛頓互惠銀行，嚇得魂飛魄散的經驗嗎？它可是美國有史以來最大的銀行倒閉案，它的資產被政府以極低的價格售予摩根大通銀行，造成它的股價狂跌至一美元以下。一切發生在短短的一天之內。還有一個我極不願意提起的例子，二〇〇一年發生的九一一攻擊事件。但是做為一個當沖客，你必須面對，考慮它對市場的衝擊。我持續搜尋有什麼驚天動地的大新聞，一邊祈禱一切都維持正常。

確定一切都很正常之後，我才會安心地認為今天的交易大致會很順利。接下來我要進一步追蹤新聞。雅虎財經的經濟商業行事曆（http://biz.yahoo.com/c/e.html）極具參考價值。它會列出近期即將公布的經濟數據及企業財報，以及公布的日期及時間。

我不只一次地強調，如果想要做出完美的當沖交易，事先必須搜集確認有哪些新聞會在盤中公布，以免被殺個措手不及。如果認為即將發布的消息可能會影響你交易的股票，而且已經知道會何時發生，那就應該事先估算好，在消息公布的幾分鐘前結清你的部位。

研究完一般性的市場新聞之後，我會開始研究我的個股，將焦點放在大約十支股票上，這不代表我會一次交易十支股票。選擇這麼多支股票的原因在於增加自己的選項，通常在每種主要類股之中，我至少會挑一支，增加自己交易時的彈性。比方說，今天金融股的波動過於劇烈，就可以用公共事業及能源股來代替。

每支股票都花一兩分鐘來研究，我會將股票代碼輸入，看看有什麼相關新聞，我會仔細閱讀這些新聞，試圖分辨它到底會不會有所影響。

此刻我已知道市場所有相關的消息，接下來把焦點轉移到進出場的規劃，這完全是技術分析的層次。我的方法雖然粗糙，但卻有效。我將每支股票前一天的高低點及收盤價都記錄

下來。稍後還會再做解釋。我暫時將它們當作目前倚賴的阻力
及支撐。

　　通常在前一天收盤後的研究分析時，我也會記下許多注意
事項及重點，現在再複習一遍。熟悉各支股票的重要水準及價
位之後，就準備好觀察或參與盤前交易的活動。

盤前交易

　　從早上八點鐘到九點三十分開盤鐘響之前屬於盤前交易的
時間。多數以股計費的券商允許你在這段時間內直接下單進行
買賣，相反地，多數傳統的網路券商（也就是以次計費）不會
馬上將你的買賣單傳送到交易所，也就是說你在八點下的單要
等到開盤鐘響才會執行。

　　你可以回想一下，之前所說的要有完美的一天的交易前提
中，包括要透過以股計費的券商交易。上面的情況就是其中的
一項理由。你可以想像自己在早上八點盤前交易時下的買單，
但是不會馬上執行，只能乾坐著看股價一路攀升的情形嗎？

　　盤前交易的風險非常高，我之前已經強調過了。我曾在盤
前交易吃過大虧，現在我已經知道要如何避開那讓人緊張到不
停地咬指甲的風險。如果我要在盤前交易，目的只是測試水
溫，而且只會以一百股進行交易。

接下來你可以輕易地猜到我要說什麼：做為新手，千萬別嘗試盤前交易。你卻務必要觀察它的動態及變化，因為可以從中學到很多東西。

我通常利用這段時間來暖身而不是進行交易。我會持續地進行技術分析及圖形觀察。我之前提過，我已經熟記三個重要價位：前一日的盤中高點、低點及收盤價。高低點尤其重要。除了價位之外，還要注意成交量的變化，看看它們對股價波動的方向是否有影響。

如果你觀察過盤前交易的話，應該會注意到在這段時間內買賣盤的報價差距會比正常交易時間來得大，價格波動也特別大，有時甚至會以極小的成交量試圖突破前一日的阻力及支撐水準。

到底是怎麼一回事呢？這代表著好幾層的意義，首先是昨晚全世界發生的新聞逐漸反映到市場上來，其次也可能是經濟數據在開盤前公布。天剛亮的時候，新聞訊息還不夠多，現在全部湧出來了。

現在最重要的是觀察華爾街會做出什麼樣的反應。

這個時候我通常會暫停十五分鐘。這個時候正是停下來，觀察華爾街動靜的最佳時機。你要牢牢地記住一點：華爾街那批人永遠比你的直覺更聰明。在一項重要經濟報告出爐後，讓這些傢伙來決定股票的走向，千萬不要逞強試圖自行預期，這是絕對禁止的行為。

在暫停休息過後，我留意到其中的一支個股，以不尋常的大量突破前一日的高點或低點，這時就有必要修正它盤中的阻力或支撐。該慶幸的是，我在這個時候發現，而非到盤中交易時才發現。

你要注意及牢記下面這一點：盤前交易的價格水準不會出現在當天即時買賣盤報價的資料上。比方說，若股價在盤前交易時跌至50美元，但在開盤前回升到51美元，市場資料只會顯示開盤價是51美元，50美元的低點不會出現在市場交易的資料裡，除非盤中交易時，再度觸及50美元的水準。

它所代表的意義是，若你不曾留意盤前交易的活動及記錄要點，那麼你可能會使用錯誤的阻力及支撐來當作盤中交易的指引。

圖20.1顯示盤前交易的低點及高點，分別為50及53美元，而當天的股價不曾觸及這兩個水準，盤中的高低點分別為52.5美元及50.5美元。

此時大約是九點鐘，我已大略研究完觀察名單裡所有的個股，準備在開盤鐘響後進場。理想的狀態是這些股票在盤前交易時段內的表現都很正常，包括成交量，以及股價對主要支撐及阻力水準的反應。它們就像關在鐵籠裡的老虎，不斷地繞著鐵籠的邊緣踱步，突然有一隻老虎對過往的遊客咆哮，瘋狂地咬住欄杆，想要掙脫出來。換句話說，其中一支股票出現不尋常的舉動，這通常是我漏掉一些重要新聞訊息的明顯跡象，而

圖20.1　走勢圖

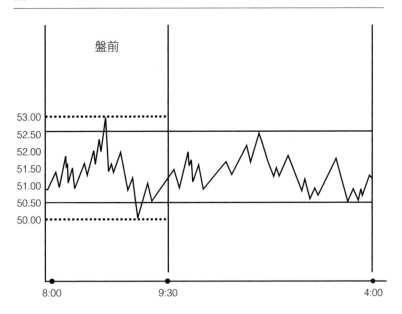

它現在的震盪勢若瘋虎。

發現這種情況的最佳時機是在我開始交易前的盤前交易時段。我把盤前交易的九十分鐘當成是感覺市場脈動及記錄股價波動的最好時光。

不管我是在家穿著短褲，或者是西裝筆挺地在市中心的辦公室裡，在開盤鐘響的幾分鐘前，我會再做一次伸展操，再來一杯香醇的咖啡。

開盤鐘響

當開盤鐘聲在上午九點三十分響起,我已經準備就緒,心情平靜。我知道每支股票的進場價位,靜靜地等待時機出現。接下來就得靠專注力及耐心的等待。

多數的訓練課程都會教你不要在開盤後的十五分鐘內交易,那是個過度避險的建議。但若你還是新手,最好還是多考慮一下,我也曾經急著在一開盤就進場,搞砸很多交易。

開盤後幾分鐘的走勢通常都很劇烈,而且成交量很大。如果要在開盤後十五分鐘內進場,我只會挑最熟悉的個股,就像熟悉自己的臉孔一般,知道它一早起床是個什麼樣子,遇見什麼事會有什麼反應,也知道它的臨界點在哪裡。

相信我!如果你還沒有完全掌握這些股票的節奏,千萬不要嘗試在一開盤就交易這些股票。在某些特定的日子裡,我見過股票一開盤就飆漲超過10美元,你真的想對一些還不熟悉的股票嘗試撈底或頂部放空嗎?

股市開盤的鐘聲就像賽馬的槍聲一樣,所有股票就像衝出閘門的賽馬一樣,個個奮力向前。這種衝刺只是短暫的,沒多久就會出現明顯的趨勢,有的一馬當先,其他的落居在後,努力追趕。

賽馬是一種賭博,但當沖並不像賽馬,你必須在開跑之前買好馬票;相反地,當沖不必先行押注,你可以等趨勢明朗之

後，再決定要不要出手。

因為我已經不再是菜鳥，通常會在開盤幾分鐘後進場，不過我不會在觸及事先預定的價位之前，或即將觸及之前就莽撞進場。至少要等其中的一支股票觸及我設定的目標，我才會開始動作。

同時留意盤中趨勢的變化。最初設定的進場價位是在盤前研究時計算出來的，通常只供當天的第一筆交易參考。如果我很快地出場，因為股價波動達到10到25美分，當天剩下的時間就只交易這支股票，也不再以同樣的價位進出，不論第一筆交易是賺或賠。

只要交易開始，我就會緊盯著螢幕，不會因為不相關的事離開座位。

早盤結束

時間來到上午十點三十分，我已完成三十次交易，也就是來回十五筆。這個數目不少，但也不意外，我喜歡一開始就衝勁十足，為整天的交易帶來很好的氣勢及動能。

我完全不去關心目前我賺了多少還是賠了多少，把全部的精神放在控制自己的情緒上，一心一意忙著尋找快速進出的布局點。

　　一筆來回的交易通常只耗時一到五分鐘，我忙著找尋快速波動10到20美分的機會。換句話說，就在這麼短的時間內，我賺或賠10到20美元。每天都差不多有一百筆的交易，多數是賺10至20美元，也有一些交易是賠錢的，每筆也是10至20美元。

　　此刻你的心中或許會有個疑問：我需要多少資金才能做這麼多筆交易？答案可能會讓你嚇一跳。在前一章裡，我提到多數以股計費的券商會要求25,000美元的最低開戶金額。你開戶後，他們通常會給你十倍的槓桿倍數，也就是25萬美元的購買力（端視你的交易技巧而定）。

　　接下來的部分可能會讓你更加訝異。

　　當我以一百股進行交易的時候，通常只需要5,000到8,000美元左右，因為我選的股票介於50到80美元之間。同時持有的部位也不會超過十個，因為我每天只盯著十支股票，最多只會用到25萬美元購買力中的8萬而已（每股80美元，十個部位，每個部位一百股）。

　　重點是，我不會企圖動用全部的購買力。你身上有多少錢，不代表你應該全部花完。我已經在這本書裡告訴你，我曾經因此嘗盡苦頭。如果用完所有的購買力，很快就會惹禍上身。

　　想想看，什麼情況需要讓你動用超過十萬美元的購買力？原因通常有兩種，不是一口氣買進一千股，就是你有遠遠超過

十筆以上的交易在同時進行。不管是哪一種情況，你都嚴重地過度曝險。

當沖的精神就是：你不需要有幾百萬美元的資本，就可以當一個專業的交易員。你真正需要的是25,000美元的最低資本。至於那些認為25,000美元也是一筆不小金額的人，我勸你們想想，這筆錢即使要拿來做個小本生意可能都還不夠。

我的交易風格就是所謂的極短線的搶帽客，在價格快速的變動中，不斷地接手換手，賺取些微的差額。我努力搜尋股價快速波動中10到20美分的差額，就像在搭地鐵一樣，在預先決定的目的地下車。

在這裡，我要補充另一個必須選用以股計費券商的理由，否則無法達成完美的一天交易。如果你透過以次計費的券商交易，那麼一趟交易每股只賺10到20美分，根本就不夠支付券商的手續費。但每趟交易想多賺一點，又會過度曝險。如果以交易股數計算手續費的話，一次買賣一百股的費用只要35美分，來回一趟只要70美分，這樣我才能一趟交易只賺個10到20美元。如果一筆交易賺個15美元，一天能累積多少？我通常每天完成一百筆以上的交易，有可能賺進1,500美元，但即使是完美的一天，也總會有幾筆交易是賠錢的，這是可以預期的。今天是我平常日子裡的完美交易，我以百分之八十來計算，也就是八十筆交易是賺錢的，獲利1,200美元，百分之二十是賠錢的，虧損300美元。平均來說，一個完美的交易日，

我可以賺進1,100美元左右（扣掉手續費）。

　　一整天下來，我維持只交易十支股票，而且持續獲利的方式，因為我對它們瞭若指掌，絕不大筆或經常交易新股。我永遠記得母親的教誨：小心駛得萬年船，絕不背離目前行得通的好方法。

　　我迅速地決定停利或停損，在進行每筆交易之前，心裡就已盤算好何時該獲利了結或認賠殺出。沒有這種自律的精神或自動反應的習慣，我很可能會**抱著股票**過一天。

　　雖然有賠，但賺得更多是當沖獲利的不二法門，我的工作就是努力維持賺錢的次數超過賠錢的次數，而且幾乎絕不**持股過久**。

　　情緒會影響你的表現，它們絕不會幫助你賺錢，我一直維持平靜的心情，即使我的表現極佳。我的工作就是賺錢，有什麼值得興奮的？別誤以為我是個冷酷無情的人，我也會為自己完美的表現慶祝，不過得等到所有的部位結清，結算之後仍有獲利再說。

　　時間到了中午時分，我已經工作一整個上午，幾乎沒有休息。現在我結清所有的部位，以及評估上午的表現。這是我今天第一次檢查我的盈虧，雖然我心中大致有數，賺錢的交易遠比賠錢的來得多，但是我想看一下實際的數字如何。

　　接著我會把焦點放在讓我賺賠較多的個股，在我弄清楚接下來需要最多關愛眼神的最佳股票之前，不會去吃午餐休息。

通常是兩到三支。所謂的最佳股票是指沒有出現在新聞裡，交易起來表現最一致的個股。股價就像鐘擺一樣，準確地在阻力及支撐之間來回擺盪。

結束午餐休息之後，我迅速地做了一下圖形分析，尤其是那些午餐前挑選出來的最佳股票。我調整一下螢幕，只剩下這兩三支股票。現在是午後一點半，我的腸胃正在消化剛才的午餐，再加上午後的倦意來襲，此刻的我已經不如上午那樣精力充沛，所以將觀察的股票數目減少，這樣才能集中精神。

此刻我會增加一點風險，以兩百股來交易那些我能準確預估股價變化的股票。或者在必要時，採取攤平撈底的策略。雖然我有些疲倦，但仍能集中精神交易兩三支股票，所以實質上仍相當安全。

到了下午三點左右，我差不多完成九十筆交易，也就是一百八十次的買賣。多數的交易都是以一百股完成，成交量差不多是一萬八千股。

此刻我會開始計算我的手續費，慶幸自己不必再以交易次數來計算手續費。你可以大致算一下，如果我需要以每次買賣股票支付9.99美元手續費的話，我肯定會瘋掉。

我也再一次計算目前的盈虧狀況，精打細算的。有七十五筆交易賺錢，十五筆賠錢，等於是毛利900美元（75×15 － 15×15），再扣掉63美元（18,000×0.0035）的手續費，剩下的淨利是837美元。

時間已經不早了，837美元的淨利還不賴。

收盤前最後一小時

現在股市的成交量及波動的速度都突然加快。在收盤前最後一小時的交易，我必須維持高度的警戒，就跟盤前交易的時候一樣。

我必須非常小心，注意不要落入必須**持股**到盤後交易的陷阱。在四點收盤鐘響前，結清所有的部位。

如果是在一個不太完美的交易日，此刻的我應該正在和內心的貪欲及恐懼戰鬥著。這個時刻正是決定我們將落袋為安或懊悔不已的關鍵，尤其是你時運不濟的時候，因為之前賠了不少，此刻最容易被誘惑去下大注，企圖**翻本**扳回之前的損失。

但是在今天這個完美的交易日，手頭已有800多美元的淨利，我要保持冷靜，作風保守，不受恐懼或貪欲所左右。

既然已經有獲利，當然要維持到最後一分鐘。在最後一個小時內，我可能會多做十到二十筆的交易，將我的淨利提升到一千美元的整數關卡。

在每個環節都堅持小心謹慎的原則，這才算得上是完美的一天。

在最後的倒數時刻，我準備結清所有的部位。然而若有些交易，我想**持股**到最後十秒鐘，或者計畫留到盤後交易時再賣

出，我就會再等一會兒。

如果你沒有注意到即將收盤的時間，你還是可以在盤後交易時，再結清所有的部位。

收盤鐘響

叮！叮！叮！美東時間下午四點整，所有的美國證券市場都收盤結束，一天的工作應該結束了。

錯！

我從來不在下午四點停止工作，除非有生命受到威脅的緊急情況。接下來還有很多事情要做，我通常還要忙上一兩個小時。

我並不是在做盤後交易。像這樣完美的一天，極少需要在盤後進行交易。我會先休息十五分鐘，讓自己的精神放鬆一下，做做伸展操。如果在市區的交易廳裡，我會和其他的交易員聊聊。

每個人都放下心防，開始放鬆。只有在收盤後，我才有時間向專家請教。很容易就可以判斷出誰想談談他今天輝煌的戰果，誰想在人前洩露自己的失敗呢？至於我呢？今天可有得聊！

短暫休息過後，我有兩種選擇：一是在盤後時間交易，一是開始做家庭作業。通常在收盤後二十分鐘內，我就做好決

定。我喜歡讓我交易的股票有時間蘊釀出一些不尋常的跡象。通常在這麼晚的時間出現相當大的成交量，是因為市場正在消化一些收盤後公布的新聞。比方說，若企業財報在收盤後公布，市場交易的興趣就會很高。

盤後交易

如果決定進行盤後交易，我會儘快回到座位上。在多數以股計費的證券交易公司，盤後交易會在晚上八點結束，不過我從未交易到那麼晚。我會在盤後進行交易的主要原因通常是因為正常交易時間賠得很慘，而我又**持有**一個很大的部位。我會試圖儘快結清所有部位。有時候，股價會在收盤後快速拉回，讓我能夠從千鈞一髮之中死裡逃生。

當然，那純粹只靠運氣，跟賭博沒兩樣，可不是什麼完美的結束。偶爾盤後交易也有很棒的收穫，為了要有好的結果，你必須以正常交易時間的相同做法交易相同的股數，或稍微多一點。同樣地，這通常只發生在某些重大新聞發生的時候。

如果我確實進場的話，我會以今日盤中的高低點當做參考的指標。盤後交易比較活躍的時間通常只到傍晚六點，之後的成交量就迅速減少。當重大即時新聞發布時，股價可能飆漲，也可能狂跌，但之後就會穩定下來，在狹幅區間內震盪，直到最後的收盤時間，晚上八點。

　　我從不在傍晚六點後進場交易的另一個理由是，很難在晚上八點前結清部位。買賣盤報價的差距非常大，而且若成交量減少的話，根本不值得交易。

　　一旦完成所有的部位結清，今天的交易就完全結束，接下來要開始做家庭作業。

家庭作業

　　不管是在家裡，或市中心的交易廳，我都稱呼接下來的功課為家庭作業。不管所在場所為何，一旦工作結束之後，我需要複習檢討一下。我會把重點放在今天表現最好及最壞的交易上。我會將所有的交易紀錄列印下來，或者直接在電腦螢幕上看。這份交易清單包括以下重要項目：

- 股票代碼。
- 交易股數。
- 做多放空。
- 進場時間。
- 退場時間。
- 賺賠盈虧。
- 總交易筆數。

我會寫下及記住今天從交易中學到的東西。舉例來說，我發現某支股票在下午三點過後波動加劇，變得難以交易，我會記在紙上，次日三點以後停止交易這支股票。我有習慣在我的電腦桌及螢幕貼上各種注意事項的便條紙。明天當我開始清晨的準備工作時，就會看到這些提醒。

花點時間檢討缺失是很重要的，它會使我沈靜下來，仔細思考我的交易方式。交易風格也需要不斷更新、改進，就像電腦一樣。如果我不每天注意、改善我的交易表現及趨勢，就可能落入搞不清楚方向的黑暗之中。

在這種黑暗之中，像今天這樣的完美好日子就會愈來愈少。

在我功夫還沒練到家的時候，就因為沒有每天檢討而遭受嚴重災難。每當我損失慘重，我就氣得暴跳如雷，根本不會想再看它一眼。我只是單純地認為進場價位設定錯誤，或者自己不應該交易某支股票。事實上，背後存在著許多必須學習的教訓，只有在仔細查驗自己當天的交易行為後，才能發現這些隱藏的智慧。舉例來說，虧損嚴重的主要原因是曝險過多。如果我在每天交易後，都重新檢查一遍，我可能會發現自己犯了連續買進的錯誤，沒有等到適當的布局再進場。我會瞭解自己完全是依照情緒的起伏在做交易，而且是我自己讓錢從指縫中溜走。

為了能夠準確衡量你的交易表現，你必須研究及回想在執行指令時，究竟發生什麼事。經過這些日子的研究及注意一些基本要點之後，我歸納出三個問題：

- 哪些股票交易次數最多及其原因。
- 哪些股票讓我獲利最多及其原因。
- 哪些股票讓我損失最多及其原因。

回答完三個基本問題之後，我就更能掌握自己的交易風格，可以輕鬆下班，享受愉快的夜晚。

最後提醒，家庭作業是對另一個完美交易日的投資。

第二十一章

悲慘的一天

　　如果你一早起床，什麼盤前準備也不做的話，到時候只能任由你的情緒擺佈，你的分析及策略將如美國東北部的氣候一樣變化多端，反覆無常，屆時只能準備迎接悲慘的一天。

　　當我還是個菜鳥的時候，也曾經有過這樣的日子，而我也見過它們發生在別人身上。我在華爾街附近的交易廳裡也見過像這樣的獨行俠，不到幾個小時就把身上的錢全部輸光。聽起來似乎不可思議，但它幾乎每天都在上演。在某一天的交易裡，違背以往恪遵的原則是有可能的，接下來我要告訴你，這究竟是怎麼發生的。

　　我曾經見過一個交易員，在我心中留下極深刻的印象。接下來發生的故事，就以他為主角。對我來說，就像一場瘋狂車禍現場所留下的記憶。他讓我想起小時候電視卡通裡的一個人物——快手麥克勞（Quick-draw McGraw），一隻打扮成西部快槍俠的馬。別人是拔槍速度快，但牠卻是很快地畫出

一支手槍。姑且讓我把這位仁兄稱為快手麥哥舒（Quick-draw McLoser）。

接下來的情節是我想像他的某一天生活。

清晨活動

天亮了。

麥哥舒或許還趴在床上，身體弓起來像顆球似的，把頭埋在被窩裡，或許他有怪癖喜歡睡在地板上，總之就是一團亂。他可能因為太沮喪，擔心自己睡得太多，或者根本失眠睡不著。

因為他最近玩當沖，賠了不少錢，而今天的情況可能更糟糕，令他擔心害怕。由於他的心情極度混亂，內心又充滿恐懼及疲倦，事情只會愈變愈糟。

他或許寧願待在家裡，像個嬰兒般地躺在床上吸姆指，這樣或許比較好，至少不會弄出眼前的爛攤子，難以收拾。

他昨天，或許說過去幾天的損失多半是因為過度曝險所造成的，昨晚或許還**留著**一個虧錢的多頭部位直到今天早上。

或許他正在祈禱這支股票能夠一飛沖天，挽救他的危機。

祝你好運！麥哥舒！你肯定需要的。

這樣的日子裡，他把專家給他的建議全都拋到九霄雲外。他根本不會想要運動，也不關心相關的市場新聞，甚至連可能

讓他賺錢的股票都不瞧一眼。他唯一關心的事是早上八點盤前交易開始時,昨晚**留倉**的股票會以甚麼價位開出。

如果我猜錯的話,麥哥舒可能並沒有**持股**過夜,而他緊張兮兮的原因是他連續四天的交易都出現赤字。今天是星期五,是他本週最後的機會。他甚至開始對當沖產生畏懼,他急切地想要**翻本**。你可以看到麥哥舒出現賭客常有的心理嗎?不管是什麼策略失敗造成麥哥舒目前的窘境,最重要的是,如果進場交易,他將會情感用事,忘記有哪些可以運用的策略。

盤前交易

盤前交易開始的幾分鐘之前,我走進市中心的交易廳。麥哥舒早已坐在他的位子上,臉色蒼白,神情緊張。他看起來比昨天的情況更糟,雖然說昨天的樣子也不怎麼樣。他的位子就在我的隔壁,我不時有機會可以觀察他。

接下來,我們以麥哥舒的觀點來看事情的發展。

早上八點鐘一到,盤前交易的資料躍入眼前閃耀的螢幕。在麥哥舒的眼中,那似乎是賭場裡旋轉的輪盤,上面有顆小白球不停地旋轉跳躍。

突然間,整個世界的動作都變得緩慢,麥哥舒彷彿看到自己的死刑。昨天晚上的盤後交易結束後,他隔夜持有的股票竟然下跌超過三美元。

麥哥舒現在的麻煩可大了。

我應該向下攤平，在比較低的價位買進嗎？還是我應該壯士斷腕、認賠停損？

麥哥舒猶豫半天無法下決定，還用力敲了腦袋幾下，想幫助腦子清醒。然而，恐慌就像得了狂犬病的狗，不斷地啃食他的心。接下來他變得麻木，呆呆地望著螢幕，就像僵屍一樣。他希望能回到溫暖的被窩，躲進夢裡的堡壘。幸運的是，他的持股出現回升的跡象，但他似乎昏睡過去，完全沒有準備出場的計畫。

突然間，一股腎上腺素分泌，麥哥舒突然醒過來，坐直身子。他想到此刻他需要一個計畫，任何計畫都行。

就像一個典型的賭徒會數數他手中的籌碼。此刻麥哥舒想的是他還有多少的購買力。而他選擇不顧一切地下注壓寶，認為股價會在九點三十分開盤時回升。

大家都看到了！這是典型的賭徒作風。

他最值得注意的問題是他做決定的方式，似乎完全是一時興起。他對股價為何下跌的原因不感興趣，也不留意不斷透露線索的趨勢變化。他完全沒有注意到手中持股剛剛以極大的成交量跌破一個主要支撐（三十日移動平均線）。

麥哥舒一點都不在乎。他決定要奮戰到底，像個男人似的戰鬥到最後一刻。賭場幽靈似乎盤旋在他的肩頭，臉上還帶著笑意。

　　他開始買進更多的股票,勇敢地向華爾街發出挑戰,就在離華爾街不遠的電腦交易桌前。他拒絕認輸,回家睡覺去。

　　他唯一的希望就是祈求市場能多少同情他一點。什麼?難道他忘了嗎?市場裡沒有「同情」這兩個字。

　　讓我們假設他昨天買進「江南春」股票,平均持股成本是50美元,一共買進1,500股,而且收在46.5美元,他**緊握**著這賠錢的部位過夜。

　　今天早上八點鐘,盤前交易開在43.5美元,又下跌3美元,所以他每股已經賠掉6.5美元,相當於帳面虧損9,750美元(6.5×1,500)。每下跌1美元,損失就要增加1,500美元。

　　由於他有25萬美元的購買力,麥哥舒簡單地算了一下,每股50美元,1,500股只要75,000美元。往好的方面想,他還有不少資金可以扳回一城。

　　但他現在幾乎已經賠掉10,000美元。於是麥哥舒又想了想:我可以現在回家,躺在床上,等著股價反彈嗎?或者我應該認賠殺出,吞下9,750美元的虧損?或者我可以向下攤平,像騎術表演套住即將墜崖的奔馬,順勢拉回向上。

　　麥哥舒順從血液裡西部牛仔的性格,揮鞭上馬。駕!駕!

開盤鐘響

　　時間到了上午九點三十分,股市開盤。他只是靜靜地看著

時鐘，根本不管市場其他人在做什麼。他唯一關注的事，就是希望自己的攤平能夠帶動買氣，讓自己的部位能夠脫困求生。

他注意到股價進一步下滑，於是他開始買進一百股，又一百股，直到累積的持股達到兩千股，股價依然不見起色。

麥哥舒感覺到一陣寒意，為什麼每次向下攤平，股價就跌得更快？

他現在只剩下15萬美元的購買力，兩千股的平均持股成本降低到49.75美元，而目前的股價是45.75美元，稍早甚至一度觸及42.75的低點，重新估算帳面的損失，虧損減少到8,000美元。雖然是不顧危險地攤平，但似乎得到回報。不過他心中沒有退場計畫，這樣的回報只是曇花一現，股價只要再下跌80美分，虧損又回到9,750美元。然而他的**持股**卻是增加到兩千股，而不是原來的1,500股。

過度曝險使得懸在脖子上的吊繩越拉越緊。

盤中活動

我吃完午餐回來，發現麥哥舒竟然從我出門到現在都維持著相同的姿勢，彷彿他完全沒有站起來休息過，我猜他連午餐都沒吃。

接下來回到麥哥舒的觀點。

他拒絕看清購買力才是最可怕的敵人，反而認為風險槓桿

可以幫助他脫離苦海，孰不知那也是讓他落海的跳板。但是他只會感情用事，所以他繼續瘋狂地下注，認為他的購買力早晚可以拯救他。

整個下午，他就盯著那支股票上下起伏震盪，他**抱住**那支股票不停地祈禱。股價突然拉回到49.75美元——他的平均持股成本。「看！」他突然大叫，把交易廳裡的每個人都嚇了一跳，完全是賭博贏錢的那種反應！

股價很快地又拉回到47美元附近，拉回的速度相當快，連有「快手」稱號的麥哥舒都來不及反應。

麥哥舒變得很安靜，但從外表可以看出來，他現在是滿肚子的火氣無處發洩。

他從不賣掉任何賠錢的部位，原因是經過這種地獄般的折磨，他總想賺點錢回來。孰不知就是這種毀滅性的情緒、過度的自信及貪念才造就他這番痛苦的經歷。他放縱自己的情緒，讓自己相信股價一定會回到持股成本以上的水準。

但是天不從人願，股價反而持續下跌，甚至開始跌破今日盤中低點42.75美元。現在他多麼希望自己能在股價回到49.75美元的持股成本時結清部位。

麥哥舒覺得自己愚蠢到了極點，但災難還沒有結束。股價跌到42.50美元，他又買進更多來攤平。他恍若是因為長期監禁而精神失常，會突然又哭又笑。他變得疑神疑鬼，認為他的股票是個活生生、有知覺的個體，專門來報復他的。

他又開始向下攤平，隔了一陣子又攤平。

現在已經接近收盤前一個小時，他從一大早到現在，歷經如坐雲霄飛車般跌宕起伏的過程中，卻不曾看過大盤指數一眼，甚至是其他個股，他完全地被鎖死在一筆交易上面。

而他唯一的操作就是不斷地向下攤平。

收盤前最後一小時

現在是下午三點鐘，麥哥舒手中的持股已經累積到五千四百股，而他也被迫停止繼續攤平，因為25萬美元的購買力幾乎已經用完。

此刻他的平均持股成本降至46.25美元，但股價即將刷新今日盤中新低至42美元。

你能幫他算一下嗎？他每股平均虧損4.25美元，換算成帳面虧損達到22,950美元。距離收盤只剩六十分鐘，但麥哥舒卻想堅持下去，他今天不是一直都這麼做嗎？

現在管事的人要出面了。

還記得我提過這些以股計費的證券交易公司是如何處理你的信用槓桿嗎？一開始你必須存入最低的限額25,000美元，也等於是你付給他們的虧損保證金，以確保他們不會因為你的交易虧損而招致任何損失。他們不介意用信用槓桿的方式借你25萬美元，但是只要你的帳面虧損逼近你之前提供的擔保金額

25,000美元，他們的電腦螢幕就會出現警示。

　　只剩下最後十分鐘就要收盤，而麥哥舒的存款扣除帳面虧損只剩下2,000美元左右，風險控管經理終於要有所行動。接下來他做的事被美其名稱為「風險控管干預」，說得白一點就是強迫賣出。

　　（我永遠也忘不了風險控管經理走到麥哥舒的身後，在他耳邊輕聲說話的那一幕。彷彿自己就是麥哥舒，尷尬地渾身不自在。）

　　「我們要你馬上結清所有的部位，」風險控管經理刻意不引人注意地輕聲說。

　　不管麥哥舒從圖形上看出任何股價即將大漲的跡象，此刻他只能照做。他用公司的錢買了幾千股，公司不可能冒著這些股票在盤後或隔夜大跌的風險。如果你想**持股**過夜，可以！請用自己的錢，想用他們的錢幫你持股過夜，門兒都沒有！

　　所以他只能悲慘地以42.25美元賣掉5,400股。風險控管經理在確定他完成結清的動作之後，拍拍他的肩膀以示安慰後離開，公司的資產確保沒有損失。

　　對我們的老兄麥克舒來說，這不是件能冷靜看待的事。他以46.25美元的平均價格買進5,400股，卻以42.25美元賣出，每股賠掉4美元，而今天這唯一的交易就讓他損失21,600美元。

收盤鐘響

（我忍不住偷看他，彷彿看到自己，我確實能體會他的感受。幾乎所有的專業當沖交易員都有類似麥哥舒的經驗或經歷。）

收盤鐘響之前的幾分鐘，他無精打采地呆坐著。他試圖忍住不要哭泣，腦海裡不斷重覆回想他所做的一切操作及策略。他感覺快要嘔吐了。

盤後交易

現在麥哥舒總算有點恢復清醒，即使他的情緒依舊低落，很想逃回家睡覺，忘記這一切，但他還是決定多待一會兒。

他想要多看那支害他落到如此下場的股票一眼，純粹是因為好奇。在被如此殘忍地踩躪之後，他想要看看這背後到底是誰在搞鬼。

很快地，他的好奇變成興奮。他仔細盯著這支吃人不吐骨頭的「江南春」股票看，在幾秒鐘之內大量狂跌。

這究竟是怎麼一回事啊？

原來是「江南春」在收盤後公布最新季報，表現明顯不如市場預期，導致股價狂瀉。

麥哥舒看著它一路跌到34.5美元。

　　如果他現在還**抱著**這些股票的話，下場會是如何？每股還要再損失7.75美元耶！！！

　　風險控管經理其實是救了他一命。

　　你可以回想一下，麥哥舒今天早晨起床時，是不是忘了做些什麼。就是一件事，他沒有事先查閱與持股相關的新聞。如果他有做的話，他一定會知道「江南春」今天將公布最新一季的財務報告。

　　難道他不知道這條鐵則嗎？千萬不要在企業公布重大訊息的當天或前一天交易它的股票！他肯定是忘了。

家庭作業

　　今晚麥哥舒唯一能做的家庭作業就是好好地痛定思痛，打算如何東山再起。他現在無法再以公司的交易帳號進行交易，除非他再存入22,000美元。

　　對麥哥舒來說，可是一筆不少的錢啊！

結語

　　你可以回想一下我在第五章「休息，是為了走更遠的路」裡，強調即使你短暫地停止交易，也要時刻留意市場動態的重要性。我就是在這麼一個休息的空檔裡，完成這本書的寫作，這就是一個活生生的範例。

　　你或許會問我：但是你為什麼要暫時放下交易休息呢？如果你真能賺那麼多，為什麼要轉職當一個作家？

　　我要用之前的提醒來回答你：當沖是一個需要休息充電及反省的過程，在這個過程裡，沒有什麼速成的方法，也沒有辦法偷工減料。你不可能今天以百股進行交易，明天就能以幾千股開始交易。在增加交易股數的過程中，需要停下來研究及學習，否則你永遠無法成為一個持續獲利的專業當沖交易員。

　　即使是專家偶爾也需要離開一下，有可能是為了休息，也有可能是為了放鬆心情，去玩樂一番也說不定，甚至也可以花腦筋來完成一本書，不過他們還是會每天留意市場的變化，從開盤到收盤。

　　即使是專業級的交易員偶爾也會遭遇挫折。一如往常地，我會盡我所能地把個人的親身經驗拿出來和你們分享。

　　每當我進階到下一個階段的初期，事情總是非常不順利。其中之一就是當我確信我需要一個以股計費的券商。你可以回憶一下，我當時是透過以次計費的券商，非常小心地以百股為單位，每筆交易快速攫取10到40美元的利潤。即使一天完成上百筆交易，看起來獲利頗豐，但每次買賣的執行手續費就要10美元，實在是貴得嚇死人，讓我得不償失。

　　所以我要找以交易股數計算手續費的券商來代替，這是合理的做法，但成為新的挫折來源。為什麼？因為它是一套新的制度，我需要調整適應。以股計費的證券交易公司的合夥交易員，最低的開戶金額要25,000美元，還要搬到紐約去。

　　我在大學畢業後就留在陽光普照的聖地牙哥，沒有回到我熟悉舒適的故鄉——紐約州西邊的水牛城。我在聖地牙哥待了九年，多數時間都在從事當沖。這一次我直接搬到紐約州東邊的紐約市。我別無選擇，因為這類證券交易公司都集中在這裡，多數都離華爾街很近。

　　雖然我對於交易的內涵已經很熟悉，但在其他方面的阻礙，則根本還沒準備好。基本的準備工作則全部就緒，包括二十倍的風險槓桿、專業的交易環境、即時交易買賣盤報價資訊及買賣單直接執行的網路[1]，以及我自身不算短的交易經歷。但

---

[1] 譯者註：透過網路券商交易的投資人買賣單指令不是直接傳送到交易所，中間必須經過券商的電腦系統，而券商的電腦系統透過另外的網路與交易所連線。而這些在華爾街附近的證券交易公司，他們的電腦系統直接與交易所的電腦連線，執行買賣指令方面比較快速。

是搬家的衝擊，再加上需要適應全新的交易系統，對我的交易心理形成拖累，讓我安心自在的舒適區也憑空消失。我原來的交易節奏被打亂，原本能堅持一貫獲利的方法也漸漸失靈。基本上，我必須重新學習一遍。不過也因此，我終於親自見識到所謂專業的當沖交易員，以及他們交易的手法。即使如此，我還是認為搬到曼哈頓是我職業生涯最棒的轉變，但就是需要時間來調整。

在那段調整的時間裡，我賠了不少錢，而且是在消費水準相當昂貴的紐約市中心。

好消息是，坐在我旁邊的幾位交易員都是相當有經驗的交易員，他們的年紀多半快五、六十歲，卻能以五百股或更多的股數進行當沖，而且持續獲利，他們就是所謂的鯊魚型交易員。

在整天的交易時間裡，偶爾偷瞄他們交易的電腦螢幕，我簡直嚇壞了。他們每天平均賺賠的金額都在5,000美元上下。

真正令我吃驚的是他們的親身經歷。他們不斷地強調在努力成為專業的當沖高手過程中，經歷過的種種可怕挫敗。幾乎每個人都經歷過類似的恐怖經驗。聽他們述說自己的人生經驗，我心中逐漸有了領悟。他們都經歷過嚴重的虧損。比方說，多數的人都曾經拿他們的房子抵押貸款，有人不止一次。有些人甚至破產。他們告訴我，他們曾經過著街鼠般的生活，一整年都吃土司配果醬、花生醬。

不幸的是，在這一行裡，它卻換得很大的進步。他們強調永遠不能放棄追求成功的動力。他們知道，每一次損失慘重，就能從中獲得寶貴的經驗及教訓，提升實力。

他們強調的重點，和我拚命想要讓你知道的重點就是：這個職業生涯並非總是光彩顯赫，至少眼前不是。同樣地，我也拒絕美化任何事，因為那是不對的。事實的真相是，你可能在學習成為專業當沖交易員的過程中，不僅傾家蕩產，甚至可能意志消沈。

搬到曼哈頓也讓我犧牲不少。為了籌措資金，我變賣所有值錢的家當。當我安頓好之後，在調整進步的過程中，我又遭受一次嚴重的虧損打擊，我從這次慘痛的教訓中有所收穫，成為專業的當沖交易員。

對我來說，暫時放下當沖交易來完成這本書，是整個進階過程的最後一步。成功的定義不只是賺錢而已。我希望成為指導新人的專業顧問。這本書就是提供業餘新手可能會忘記的原則與策略。如果你能夠從我過去的莽撞愚行裡，學到一點東西的話，我的損失就算是有其價值。

附錄

當沖心法

最後這個部分將每章所列的當沖心法搜集在一起，方便你快速參考及查閱。最重要的是，你必須讀完每一個章節的內容，這些心法只是提醒，無法讓你融會貫通。

第一章　瞭解自己是第一要務

- 提升你的交易技巧是個漸進的過程，千萬不要在沒有經過專業顧問指導訓練之前，就貿然行事。
- 紐約證交所系列七的執照證書並不能讓你成為專業的交易員，你需要更多的訓練。
- 當你進場當沖交易時，永遠要積極地進行交易，它是磨練技巧的關鍵。

第二章　別讓情緒吞噬你的交易

- 若你感覺被自己的情緒拖著跑時——立刻降低市場曝險部位。
- 整天的交易都維持一致的做法——以百股做為交易的單位。

- 設定實際的獲利目標，制定實際的預算——最大的虧損容忍底限。

第三章　避免過度自信

- 自信是一項情緒型的工具，你必須為牠佩帶韁轡才能駕馭牠、控制牠。
- 千萬別在沒有事先設定出場價的情況下進場交易。
- 事先設定出場價，無論如何都要遵守。

第四章　化焦躁不安為沈靜專注

- 當你感覺失控或不耐的時候，千萬別做出選擇進出場價格的決定。
- 挑選每五分鐘內波動幅度至少有25美分的個股做為交易標的。
- 每筆交易股數絕對不要超過一百股，除非你的交易技巧已臻化境。
- 千萬別期待一開始就賺大錢。
- 先讀完這本書，再開始或重新進行當沖交易。

第五章　休息，是為了走更遠的路

- 千萬別只是為了籌集更多的資本而休息。
- 在每日交易結束後，衡量自己的表現。
- 記錄交易失利的原因。
- 當事情持續失控的時候，停止交易，休息一下。

- 在你休息不進行交易的時候，仔細研究你犯的錯誤，而且做好重返市場的心理準備。
- 事前為不可避免的休息做好預算規劃。

第六章　風險控管的重要性

- 即使是以極為熟悉的股票進行交易，交易的股數也不能超過你所能掌控的風險。
- 如果你還是個初學者，每筆交易只能以百股進行。
- 如果你在交易時感覺有壓力，馬上結清出場。
- 除非你的交易技巧已臻化境，否則別在開盤十五分鐘內進場，也就是九點四十五分以前別進場。
- 在低風險的交易裡，慢慢磨練你的風險容忍度。
- 別在我們之前討論過的情況裡過度曝險。

第七章　過度曝險造成傷害

- 交易任何陌生的股票時，千萬不要超過一百股。
- 在正常交易時間內持續獲利之前，避開在盤前或盤後時間交易。
- 當你感覺迷失的時候，你已經過度暴露在風險之中，立即停損認賠出場。

第八章　預先做好財務規劃

- 若你計畫自我培訓，得先存好足以支應三個月開銷的預備金。若你接受專業的親自指導，至少也要先存好一個月失業開銷的支出。

- 在你完成三個月的自我培訓或一個月的專業指導之後，除非你已達到持續獲利的階段，否則暫且不要以當沖做為主要收入來源。
- 如果你想暫時辭去工作來進行培訓，先確定訓練結束後可以重回原來的工作崗位。或者事先找好另外一個工作來當安全網，或接受短期的專人指導以縮短訓練時間。
- 在你接受訓練的期間，或者是你剛開始真正上線交易的期間，都先得事前準備好安全儲備金。
- 千萬別把安全儲備金存在你的交易帳戶裡。
- 利用電子試算表或記帳軟體，隨時掌握你的財務狀況。

第九章　設定停損降低風險

- 適當地設定停損及獲利點是一個嘗試錯誤的過程。所以再次叮嚀：以少量的一百股進行交易。
- 決定當天走勢的阻力及支撐水準之前，不要隨意設定停損及獲利點。
- 評估你的停損水準之前，先認清自己的財務實力。
- 交易進行之中，謹守之前設定的停損及獲利點。

第十章　攤平屬於進階策略

- 除非你的技巧已經相當純熟，否則別嘗試攤平的動作。
- 即使採取攤平，也不容許虧損超過原先設定的風險門檻。
- 只對以往操作能夠持續獲利的股票採取攤平動作。

第十一章　賭博與當沖的差別

- 在你開始當沖交易之前，必須先學會風險控管，否則與賭博無異。
- 在最初的上線交易經驗裡磨練風險控管技巧，隨時運用當沖交易的各種策略選項，否則你就是在賭博。
- 千萬別問自己今天是否走運。

第十二章　為什麼有些人比較容易犯錯

- 進行交易時，千萬別讓你的視線離開電腦螢幕。
- 記錄自己所犯的每一個錯誤。
- 犯錯就是把錢送給別人，所以要瞭解別人是如何做對的決定。
- 集中精神克服你的陋習。
- 別忽視自己的錯誤，從錯誤中學習成長。

第十三章　整天維持一致的交易方式

- 找到適合自己的風險容忍度，根據它來調整停損及停利的機制。
- 維持一整天一致的交易方式。
- 絕對禁止**留著**一個虧損的部位過夜。

第十四章　如何簡化選股程序

- 即使你挑的股票很棒，當你增加交易股數時，也不能掉以輕心。

- 先挑在過去三個月裡每日交易量維持在一百萬股以上的股票。
- 絕對不碰市價一美元以下的仙股。
- 挑選股價介於10到100美元之間的股票。
- 不要理會那些盤中走勢奄奄一息的股票。
- 避開公司營運及銷售會受到政府法規嚴重影響的股票。
- 在公司重大訊息即將公布之前，避免交易這些股票。
- 遠離可能破產的公司股票。
- 讀完本書之前，千萬不要進場交易。

第十五章　新聞只是不相關的噪音

- 分辨哪些是會影響交易的新聞，哪些只是噪音。
- 永遠要記得所交易股票的業績公布預定日。
- 企業公布財報的當天及前一天，暫停交易那支股票。
- 若新聞是在盤中公布，而且影響到你正在交易的股票，立刻結清部位，當天不再交易該支股票。

第十六章　有關訓練課程的真相

- 當你還是個門外漢的時候，找機會接受系統化課程。
- 帶著你心中滿滿的疑惑去上課，千萬別空手而回。
- 別期望在接受任何短期的訓練之後，就能成為專家。
- 詢問有關以交易股數計算手續費的方式，以及採用這種方式的券商。

- 如果你已累積不少經驗，建議你接受一對一的親自指導訓練。

第十七章 挑選合適券商

- 如果你同時交易多支股票，又不**持股**過夜，就不要動用以次計費的券商帳戶。
- 保留以次計費的券商帳戶，只是為了時間較長的交易及免費的資源。
- 在以股計費的券商交易，要非常注意使用的槓桿倍數，先從十倍開始。
- 當你在找尋以股計費的券商時，一定要親自拜訪、參觀他們的交易廳，試用他們的軟體幾天，並且確認他們的成本及費用結構。
- 在他們的交易廳實際交易一段時間之後，才能在家以遠端登入的方式加入。

第十八章 善用紙上模擬練習

- 進行紙上模擬，務必謹記六字真言：當真，小筆交易。
- 以實際交易的方式來進行紙上模擬。
- 別把紙上模擬當成是個人獲利能力的衡量工具。

第十九章 階段性訓練交易技巧

- 千萬別越級，一定要從第一階段紮實地訓練起。
- 除非你能在紙上模擬維持一整週連續獲利的紀錄，否則不要實際進場交易。

The Truth About Day Trading Stock: A Cautionary Tale About Hard Challenges and What It Takes to Succeed
Copyright © 2009 by Josh Dipietro
Chinese Translation Copyright © 2010 by Wealth Press
Authorized translation from the English language edition
Published by John Wiley & Sons, Inc.
All Rights Reserved. This translation published under license.

投資理財系列 129
當沖，這樣做才會賺錢

作　　者：賈許·迪皮耶羅（Josh Dipietro）
譯　　者：麥金里
總 編 輯：楊　森
副總編輯：許秀惠
主　　編：金薇華
行銷企畫：呂鈺清
發 行 部：黃坤玉、賴曉芳

出版者：財信出版有限公司／台北市中山區10444南京東路一段52號11樓
訂購服務專線：886-2-2511-1107　訂購服務傳真：886-2-2511-0185
郵政劃撥帳號：50052757 財信出版有限公司　http://wealthpress.pixnet.net/blog/

製版印刷：前進彩藝有限公司
總經銷：聯合發行股份有限公司／23145新北市新店區寶橋路235巷6弄6號2樓／
　　　　電話：886-2-2917-8022

初版一刷：2010年6月　定價：300元
初版三刷：2012年11月
ISBN　978-986-6602-94-8
版權所有·翻印必究　Printed in Taiwan　All rights reserved.
（若有缺頁或破損，請寄回更換）

國家圖書館出版品預行編目資料

當沖，這樣做才會賺錢／賈許·迪皮耶羅（Josh Dipietro）
著；麥金里譯.- 初版.- 台北市：財信2010.06
　　面；　公分.-（投資理財系列：129）
　譯自：The Truth About Day Trading Stock: A Cautionary
　　　　Tale About Hard Challenges and What It Takes to
　　　　Succeed
　ISBN　978-986-6602-94-8（平裝）

1. 證券投資　2. 電子商務　3. 投資技術　4. 風險管理

563.53029　　　　　　　　　　　　　　99008452